高职高专新商科系列教材——商务数据分析系列

FineBI 数据可视化分析

罗倩倩　杨国华　袁华杰　主编

电子工業出版社
Publishing House of Electronics Industry
北京·BEIJING

内 容 简 介

本书是院校与国内大数据分析企业帆软软件有限公司合作开发的校企合作教材，配套行业脱敏后的真实数据和案例，特别是由公司提供的零售、物流、金融、高等教育四大行业的真实项目，使得本书培养的知识能力与企业数据分析岗位需求无缝对接。

本书内容分为三个阶段：可视化准备、可视化图表精通和可视化分析实战。在内容设计上注重知识性和通用性，同时加强实践上的指导性和示范性。本书所用的 FineBI 数据分析软件是帆软软件有限公司开发的国产自主可控软件产品，有利于企业数据安全，在全国各个行业得到普遍采用。同时，FineBI 软件可免费授权各个院校使用，其丰富的社区资源 https://bbs.fanruan.com/ 为学习者提供丰富的支持。

本书适用于高职或本科电子商务、物流管理、会计金融等财经商贸类专业，也可用于大数据应用技术、软件技术等电子信息类专业，同时也适用于从事数据可视化分析的企事业人员。

图书在版编目（CIP）数据

FineBI 数据可视化分析/罗倩倩，杨国华，袁华杰主编. —北京：电子工业出版社，2021.1
ISBN 978-7-121-40456-6

Ⅰ.①F… Ⅱ.①罗… ②杨… ③袁… Ⅲ.①可视化软件—高等学校—教材 Ⅳ.①TP31

中国版本图书馆 CIP 数据核字（2021）第 008554 号

责任编辑：贺志洪
印　　刷：天津千鹤文化传播有限公司
装　　订：天津千鹤文化传播有限公司
出版发行：电子工业出版社
　　　　　北京市海淀区万寿路 173 信箱　邮编 100036
开　　本：787×1092　1/16　印张：14　字数：358.4 千字
版　　次：2021 年 1 月第 1 版
印　　次：2025 年 1 月第 10 次印刷
定　　价：56.00 元

凡所购买电子工业出版社图书有缺损问题，请向购买书店调换。若书店售缺，请与本社发行部联系，联系及邮购电话：（010）88254888，88258888。

质量投诉请发邮件至 zlts@phei.com.cn，盗版侵权举报请发邮件至 dbqq@phei.com.cn。

本书咨询联系方式：（010）88254609 或 hzh@phei.com.cn。

前　言

如今，数据在各行各业发挥着越来越重要的作用，产生越来越多的价值。数据驱动企业、单位和组织的运营管理，实现更优的商业智能和更好的增值降本，掌握数据可视化分析逐渐成为商业、制造、教育、政府、金融等行业从业者的必备技能。近年来，在高校财经商务和信息技术类专业中，与数据可视化分析相关的专业建设、课程建设、团队建设和社会培训服务成为热点，一方面，课程进入人才培养方案，成为必修课程，另一方面，面临着教材短缺的现状，尤其是数据可视化分析的通用教材，这些都促使我们开发和编写这本教材。

本教材由无锡商业职业技术学院与帆软软件有限公司合作开发，得到企业的直接支持，配套各个行业脱敏后的真实数据和企业案例，特别是来自帆软软件有限公司提供的零售、物流、金融、高等教育四大行业的真实企业项目实战，使得教材与企业岗位需求无缝对接。教材在内容设计上注重知识性和通用性，配套丰富的数据和案例，增强实践上的指导性和示范性，注重数据可视化分析综合实践技能的锻炼。

本教材所使用的 FineBI 数据可视化分析软件是帆软软件有限公司开发的国产自主可控的软件产品，有利于企业数据安全，在全国各个行业得到普遍采用。FineBI 软件可免费授权各个高职院校使用，其丰富的社区资源可为教师备课和学生学习提供丰富的支持。

本教材的内容分为三个阶段：可视化分析的准备、可视化图表精通、可视化分析实战，三个阶段层层递进、循序渐进地让学生掌握下表中所列的可视化分析方法和技能。

阶段	章节	企业提供的案例资源
阶段一 可视化分析的准备	项目一　可视化知识的准备	电子行业案例
	项目二　可视化数据的准备	电子行业案例
阶段二 可视化图表精通	项目三　图表的选择与实现	电子行业案例
	项目四　图表的 OLAP 分析	能源行业案例
	项目五　图表的整合与分享	能源行业案例
阶段三 可视化分析实战	项目六　数据分析思维	门店经营案例
	项目七　电商零售行业可视化分析实战	零售行业综合项目
	项目八　物流行业可视化分析实战	物流行业综合项目
	项目九　金融行业可视化分析实战	金融行业综合项目
	项目十　高等教育行业可视化分析实战	高等教育行业综合项目

本教材使用面广，具体面向对象如下：

1. 高职或本科电子商务、物流管理、财经会计等财经商贸类专业，亦可用于大数据应用技术、软件技术等电子信息类专业。

2. 从事数据可视化分析的企事业人员。

本教材编写团队主要来自无锡商业职业技术学院商务数据分析与应用国家职业教学资源库数据可视化课程团队和帆软软件有限公司。其中，杨国华编写了项目一"可视化知识的准备"；赵晓峰编写了项目二"可视化数据的准备"；罗倩倩编写了项目三"图表的选择与实现"和项目七"零售行业可视化分析实战"；童海峰编写了项目四"图表的 OLAP 分析"和项目八"物流行业可视化分析实战"；张成年编写了项目五"图表的整合与分享"；黄正宝编写了项目六"数据分析思维"和项目九"金融行业可视化分析"；程冠琦编写了项目十"高等教育行业分析实战"。

罗倩倩、杨国华和帆软软件有限公司袁华杰副总裁担任本书主编，并负责本书总体组织和整体审校，帆软软件有限公司徐帅负责提供案例和数据资源。本书配套数据源可扫描右边的二维码下载。

配套数据源

由于编写水平有限，书中难免有不当之处，恳请批评指正。

编　者

2021 年 1 月　中国江苏

目　录

项目一　可视化知识的准备

【能力目标】

1. 了解数据可视化分析的概念及价值。
2. 了解数据可视化分析的基本流程。
3. 了解常用数据可视化分析的工具。
4. 掌握 FineBI 的安装和初步使用。

在大数据概念出现之前，人们对于数据在管理中的重要性早有认识，数据已然存在于企业、政府、高校等各行各业的管理和信息系统中，当数据的获取、存储和计算更加容易时，人们尝试从数据中发现信息和价值，越来越多的公司开始重视数据资源的管理和运用，以数据为资源解决诸领域问题，这就是我们要建立数据思维（Data Thinking），从而引发基于数据驱动的管理模式。

在实现数据驱动管理中，企业的经营和决策从经验驱动转向数据驱动。数据可视化技术对于分析大量信息并做出以数据为依据的决策至关重要。通过建立在企业信息化平台的基础框架，将各种业务应用、数据资源和互联网资源集成到一个信息管理平台之上，将分散、异构的应用和信息资源进行聚合，借助数据可视化分析工具，实现商业智能化（Business Intelligence）。

在任务 1.1 的学习中，我们将一起了解数据可视化分析的概念、意义及其发展，了解常用数据可视化工具的特点及其应用，学会使用 FineBI 数据可视化分析工具制作第一个仪表板。

 ## 任务 1.1　认识数据可视化基础

【任务描述】

越来越多的企业开始依赖计算机技术进行可视化数据分析，有些企业不知道数据可视化有什么作用、可视化数据分析有什么意义、能解决什么问题、做数据可视化的回报率怎样。我们要从企业的视角，观察企业和单位业务运营数据的产生、收集、处理和应用，研究挖掘数据的价值，通过数据可视化分析，支持业务优化和改进。

【知识准备】

1. 什么是数据可视化

数据可视化就是运用计算机图形和图像处理技术，将数据转化为图形图像显示出来。其根本目的是实现对稀疏、杂乱、复杂数据的深入洞察，发现数据背后有价值的信息，并不是简单地将数据转化为图表。

另外在数据分析的整体流程中，可视化分析是很重要的一步，是表现、描述数据分析结果的主要方式，大大地方便了使用者观察和分析数据。

2. 数据可视化的发展

数据可视化在计算机发明之前就被用来表示数据、传递信息。20 世纪初数据可视化先驱陈正祥一生致力于绘图，主张用地图说话，用地图反映历史，利用地图对政治、经济、文化、生态、环境等现象进行描绘和阐述。这里介绍他的经典案例：中国诗人分布图。其中，通过唐代诗人分布图可以看到唐代诗人主要集中在黄河流域；通过宋代诗人分布图，可以看到宋代诗人主要集中在长江流域，且主要集中在华东地区。从图中还可以发现，中国经济自从唐代之后慢慢开始从黄河流域转移到长江流域。发生这样的变迁有两个原因，一个是北方长期战乱，二是南方种植水稻，可以养活更多人。

进入到计算机时代，最先进入数据可视化领域的是表格，主要产品有水晶报表、华表、思达报表、润乾报表、帆软报表。

进入大数据时代，数据分析的需求进入读图时代。数据图形可视化常见的有三种解决方案。一种是传统表格可视化软件厂商提供的图表控件，通过饼图、柱状图、折线图，基本上能解决大家的核心需求，例如 Excel。第二种方式是独立图表控件，需要编写代码集成到企业信息系统中去。例如，早期在 Java 语言中的 jfreechart；到了 Flash 时代，用的最多的是 fusioncharts；进入 HTML5 之后，国内出现了 echarts。第三种是图表可视化软件，例如 Tableau 和 FineBI，分析展示工具以图形、图表、信息图表等方式对数据进行统计、分析、汇总和展示。

从以上发展趋势可以看出，图形可视化成为数据可视化的发展趋势。近年来，国内大数据展示工具发展势头良好。2019 年国内大数据展示类工具逐步被市场认可，BI 软件（商业智能软件）成为大数据展示类工具的典型代表。2019 年上半年，帆软凭借本地化、高效的服务和稳健的产品，以 14.9%的国内市场份额成为 BI 市场的"领头羊"，紧随其后的是 SAP、微软、IBM 和 SAS 四家公司。2020 年，Gartner 发布的 BI 魔力象限报告中，阿里云首次上榜，显示出国内大数据展示类工具不论从技术层面还是服务层面均逐步得到市场的认可。

3. 数据可视化分析的价值

数据可视化分析的价值在于让人能准确、快速地从中获取有价值的信息。具体来讲，数据可视化分析的价值在于通过工具的运用，帮助用户发现问题、解释问题和解决问题，有助于企业高效、清晰地查阅数据表现，通过明确分析数据中所隐含的内容有利于企业做理性业务决策。

对于企业实际应用来说，数据可视化分析的意义可以分为三点。

① 帮助企业员工快速、高效地查看数据，提高工作效率：根据业务设定、制作数据图表，通过图表显示数据与传统数据表格方式相比有很强的可读性，不论是一线业务人员还是管理人员都可以快速地查看数据，以达到提高工作效率的目的。

② 清晰明了地描绘数据的意义：通过图形图像显示数据，可以清晰地看到数据的表现情况，比如数据的趋势、各数据指标的比率、区域数据表现情况等，可以将数据背后的含义表达得更清晰明了。

③ 帮助企业更精准地理性决策：可视化数据分析可以更清晰地描绘数据隐含的信息，比如从订单信息中查看用户的消费趋势、从人群信息中查看人群的流向等，找到数据背后的有价值的信息。另外在决策后也可以通过数据表象来衡量新决策的成效。

4. 数据可视化分析的流程

数据可视化分析是一个以数据流向为主线的完整流程，主要包括数据采集、数据处理和变换、可视化映射、人机交互和用户感知，如图 1.1 所示。一个完整的可视化分析过程，可以看成数据流经过一系列处理模块并得到转化的过程，用户通过可视化交互从可视化映射后的结果中获取知识和灵感。

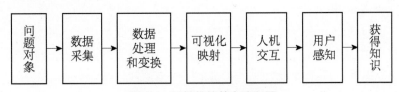

图 1.1　可视化的基本流程图

（1）数据采集。数据采集是数据分析和可视化的第一步，俗话说"巧妇难为无米之炊"，数据采集的方法和质量，很大程度上就决定了数据可视化的最终效果。数据采集的分类方法有很多，从数据的来源来看，可以分为内部数据采集和外部数据采集。

内部数据采集指的是采集企业内部经营活动的数据，通常数据来源于业务数据库，如订单的交易情况。如果要分析用户的行为数据、App 的使用情况，还需要一部分行为日志数据，这个时候就需要用"埋点"这种方法来进行 App 或 Web 的数据采集。

外部数据采集指的是通过一些方法获取企业外部的一些数据，具体目的包括获取竞品的数据、获取官方机构网站公布的一些行业数据等。获取外部数据，通常采用的数据采集方法为网络"爬虫"。

（2）数据处理和变换。数据处理和数据变换是进行数据可视化的前提条件，包括数据预处理和数据挖掘两个过程。一方面，通过前期的数据采集得到的数据，不可避免地含有噪声和误差，数据质量较差；另一方面，数据的特征、模式往往隐藏在海量的数据中，需要进一步进行数据挖掘才能提取出来。

（3）可视化映射。对数据进行清洗、去噪，并按照业务目的进行数据处理之后，接下来就到了可视化映射环节。可视化映射是整个数据可视化流程的核心，是指将处理后的数据信息映射成可视化元素的过程，即可视化空间、标记、视觉通道。

（4）人机交互。通常，我们面对的数据是复杂的，数据所蕴含的信息是丰富的。在可视化图形中，如果将所有的信息不经过组织和筛选，全部机械地摆放出来，不仅会让整个页面显得特别臃肿和混乱，缺乏美感；而且模糊了重点，分散了用户的注意力，降低了用户单位时间获取信息的能力。常见的交互方式包括滚动和缩放、颜色映射的控制、数据映射方式的控制、数据细节层次的控制。

滚动和缩放：当数据在当前分辨率的设备上无法完整展示时，滚动和缩放是一种非常有效的交互方式，比如地图、折线图的信息细节等。

颜色映射的控制：用户可以根据自己的喜好，去进行可视化图形颜色的配置，使可视化的视觉传达具有美感。

数据映射方式的控制：这个是指用户对数据可视化映射元素的选择，一般一个数据集是具有多组特征的，提供灵活的数据映射方式给用户，可以方便用户按照自己感兴趣的维度去探索数据背后的信息。

数据细节层次的控制：可以隐藏数据细节，通过下钻等交互操作才能钻取到数据的细节信息。

（5）用户感知。可视化的结果，只有被用户感知之后，才可以转化为知识和灵感。用户在感知过程中，除了被动接收可视化的图形，还通过与各可视化模块之间的交互，主动获取信息，将感知结果转化为有价值的信息，从而用于指导决策。

5. 可视化评价标准

（1）准确确定数据可视化的主题。准确确定数据可视化的主题，即确定需要可视化的数据是围绕什么主题或者目的来组织的。业务运营中的具体场景和遇到的实际问题、公司层面的某个战略意图，都是确定数据可视化主题的来源和依据。比如，银行分析不同城市用户的储蓄率、储蓄金额，电商平台进行"双 11"的实时交易情况的大屏直播，物流公司分析包裹的流向、承运量和运输时效，向政府机构或投资人展示公司的经营现状等，都可以确定相应的数据主题。

（2）正确选用可视化主题的数据。分析和评估一项业务的经营现状通常有不同的角度，这也就意味着会存在不同的衡量指标。同样一个业务问题或数据，因为思考视角和组织方式的不同，会得出截然不同的数据分析结果。基于不同的分析目的，所关注的数据之间的相互关系也截然不同，这一步实质上是在进行数据指标的维度选择。确定了要展示的数据指标和维度之后，就要对这些指标的重要性进行重要性排序。通过确定用户关注的重点指标，才能为数据的可视化设计提供依据，从而通过合理的布局和设计，将用户的注意力集中到可视化结果中最重要的区域，提高用户获取重要信息的效率。

（3）做到根据数据关系确定图表。数据之间的相互关系，决定了可采用的图表类型。通常情况下，同一种数据关系，对应的图表类型是有多种方式可供选择的，确定图表的目的是更好地去呈现数据中的现象和规律。

（4）合理进行可视化布局及设计。合理进行可视化布局及设计的目的，一是进行可视化布局的设计，二是数据图形化的呈现。可视化设计的页面布局，要遵循以下三个原则。

● 聚焦：设计者应该通过适当的排版布局，将用户的注意力集中到可视化结果中最重要的区域，从而将重要的数据信息凸显出来，抓住用户的注意力，提高用户解读信息的效率。

● 平衡：要合理地利用可视化的设计空间，在确保重要信息位于可视化空间视觉中心的情况下，保证整个页面的不同元素在空间位置上处于平衡，提升设计美感。

● 简洁：可视化整体布局中要突出重点，避免过于复杂或影响数据呈现效果的冗余元素。

【任务实施】

在这一环节，我们从一个服装企业的业务需求来分析数据可视化在销售中的应用。

案例分析：红领集团是业内知名的服装制造商，通过线上、线下销售服装，企业经营决策者时刻关注企业的业务运行，包括销售额、成本、利润、客户群体等经营数据的变化。总经理要求销售总监解释为什么发生了某些事情，例如，为什么客户在流失？为什么 7 月份西服套装的销售额下滑了 12%？

我们从以下 5 个步骤来开展数据可视化的工作。

1. 调研需求

在做数据可视化之前需要明确，要讲述怎样一个数据"故事"，即明确观者的需求是什么，想要看到什么或是我们想要给他们展示什么。在本案例中，我们需要展示企业的销售额、成本、利润、客户群体等情况，帮助分析客户流失的原因及 7 月西服套装的销售额下滑 12%的原因。

2. 数据收集与处理

由于公司的业务运营每天都在产生大量的数据，在海量的业务数据中，哪些数据是讲述"故事"所需的素材需要明确识别出来，因此需要明确数据源。根据可视化分析主题，需要收集与销售额、成本、利润、客户群体等指标相关的数据。然后，我们需要将收集的数据转换成自己需要的格式，并对数据进行清洗。

3. 设计制作

在数据处理之后，选用可视化图表、图形对销售额、成本、利润、客户群体等指标进行可视化展现。好的数据设计可以帮助读者更清楚地理解整个"故事"，因此需要站在读者的角度进行设计，才能知道对于读者来说哪些元素是需要解释清楚的。重要的点或区域都带有注释，使用的符号和颜色都进行详细的说明，这样在阅读图表时，读者才能理解数据的意义。

4. 应用与反馈

最后，根据数据可视化图表、挖掘图表之间的联系，分析客户流失的原因，以及 7 月西服套装的销售额下滑 12%的原因，从而揭示隐藏的信息和本质。数据分析人员与业务人员相互配合，共同改进可视化分析的效果，发挥更好的作用。

【归纳总结】

数据可视化分析的第一步是调研需求：搞清楚讲什么"故事"，例如，我们为什么要分析它？通过分析我们可以做出什么决策？数据记录着用户的行为和事实，在那一堆堆的数字之间存在着实际的意义、真相和价值。数据可视化分析的目的是让数据说话，数据可视化的过程就是在给观众讲"故事"的过程，我们应当以讲"故事"的角度来思考如何可视化。

任务 1.2　了解常用数据可视化工具

【任务描述】

了解 Excel、FineBI、Tableau、PowerBI 等常用数据可视化分析工具，了解使用 Excel 实现数据可视化的基本方法和操作过程。

【知识准备】

1989 年，Gartner 的 Howard Dresner 提出了"商业智能（BI）"一词。BI 通过搜索、收集和分析业务中的累积数据，运用可视化数据分析工具，对数据进行清理、抽取、转换、装载、呈现等分析和处理流程，进而转化为知识呈现给管理者，以支持更好的业务决策。本任务我们了解 Excel、FineBI、Tableau、PowerBI 等常用的数据可视化分析工具。

1. Excel 可视化分析工具

Excel 是微软 Microsoft Office 办公软件中的一款电子表格软件，是常用的可视化分析工具。Excel 通过电子表格工作簿来存储数据和分析数据。从 Excel 2016 版开始嵌入了 Power BI 系列的插件，包括 Power Query、Power Privot、Power View 和 Power Map 等数据建模和查询分析工具。Excel 可编写函数公式来清洗、处理和分析数据，通过条件格式、数据图表、迷你图、动态透视图、三维地图等方式多样化显示数据。

2. FineBI 可视化分析工具

FineBI 是帆软软件有限公司推出的一款商业智能产品，本质是通过分析企业已有的信息化数据，发现并解决问题，辅助决策。FineBI 的定位是业务人员/数据分析师自主制作仪表板，进行探索分析，以最直观快速的方式，了解自己的数据，发现数据的问题。用户只需要进行简单的拖曳操作，选择自己需要分析的字段，几秒内就可以看到数据分析结果，通过层级的收起和展开，下钻上卷，可以迅速地了解数据的汇总情况。

3. Tableau 可视化分析工具

Tableau 也是一款具备数据可视化能力的 BI 产品，可以在本地运行 Tableau Desktop，也可以选择公共云或通过 Tableau 托管。与 FineBI 相同，Tableau 的定位也是敏捷和自助式分析工具，它能够根据用户的业务需求对报表进行迁移和开发，实现业务分析人员独立自助、简单快速地以界面拖曳式的操作方式对业务数据进行联机分析处理、即时查询等功能。

4. PowerBI 可视化分析工具

PowerBI 是微软推出的一款数据分析和可视化工具，它能实现数据分析的所有流程，包括对数据的获取、清洗、建模和可视化展示，从而帮助个人或企业来对数据进行分析，用数据驱动业务，做出正确的决策。Power BI 简单且快速，可以连接多种数据源，通过实时仪表板和报告将数据变为现实，把复杂的数据转化成简洁的视图，并在整个组织中共享洞察，或将其嵌入到应用或网站中。Power BI 也可进行丰富的建模和实时分析及自定义开发，因此它既是用户的个人报表和可视化工具，还可用作组项目、部门或整个企业背后的分析和决策引擎。

【任务实施】

我们用 20 个国家的游客密度指数（Tourist Density Index）数据来了解使用 Excel 数据可视化分析工具来制作数据图表，在表 1.1 所示案例中关注了全球一些国家不同程度的旅游发展情况，其中 10 个国家过度旅游（Overtourism），另有 10 个国家旅游不足（Undertourism）。过度旅游不仅使游客体验大打折扣，更直接影响了当地居民的日常生活；旅游不足则影响当地经济发展和文化交流。我们通过用 Excel 来制作数据可视化图表。

表 1.1　游客密度指数（部分数据）

类别	排序	国家	游客人数	居民人数	游客与居民人数比
过度旅游	1	克罗地亚	57587000	4170600	1380.78%
过度旅游	2	冰岛	1891000	334250	565.74%
过度旅游	3	匈牙利	52890000	9817960	538.71%
过度旅游	4	丹麦	28692000	5731120	500.64%
过度旅游	5	法国	202930000	66896110	303.35%
旅游不足	1	坦桑尼亚	1284000	55572200	2.31%
旅游不足	2	巴布亚新几内亚	198000	8084990	2.45%
旅游不足	3	肯尼亚	1340000	48461570	2.77%

我们用 Excel 柱形图呈现 20 个国家游客与居民人数占比。操作步骤为：

用 Excel 2013 打开"游客密度指数"文件，看到如表 1.1 所示数据表；选择表中的"国家""游客人数""居民人数"共三列数据，依次选择菜单"插入"→"推荐的图表"命令，如图 1.2 所示，在打开的如图 1.3 所示窗口中选择一个合适的图表，如选择"百分比堆积柱形图"，如图 1.3 所示，确定呈现如图 1.4 所示的效果。

图 1.2　选择要分析的数据字段

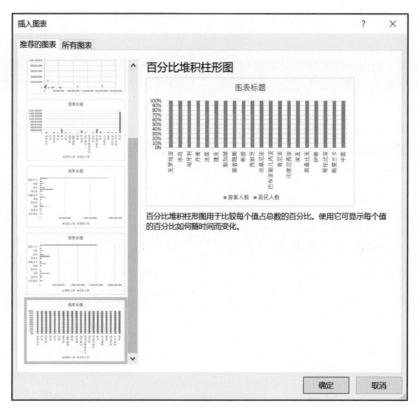

图 1.3　更改图表的类型

在图 1.4 中，我们看到，中东地区的国家旅游人数占居民人数的比例很小，而西方国家旅游人数占居民人数的比例超过 50%。因此，中东国家明显旅游不足，影响当地的经济发展和文化交流。而西方某些国家的过度旅游不仅使游客体验大打折扣，更直接影响了当地居民的日常生活。

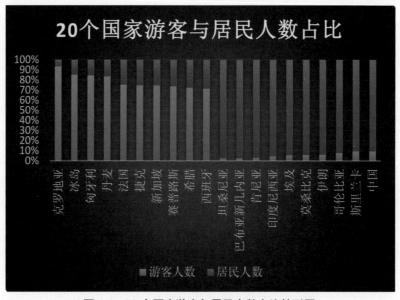

图 1.4　20 个国家游客与居民人数占比柱形图

【归纳总结】

在上面的 Excel 数据可视化分析案例中，我们收集了 20 个国家游客与居民人数数据，利用 Excel 工具得到直观的游客和居民人数占比的关系图。Excel 可以实现数据可视化的基础功能和基本操作，是我们在处理各类数据时的常用工具。随着数据可视化分析面临数据量增大、数据维度增加、数据处理算法增强的要求下，我们需要借助更加专业的数据可视化工具，实现更加深入、强大的分析能力和可视化效果。在任务 1.3 中，我们将学习一个全新的数据可视化工具——FineBI，这是本书所用的主要工具软件。

 任务 1.3　FineBI 安装及使用

本书以 FineBI 为例，介绍商业智能工具的应用与数据可视化的具体实现。本节仅对 FineBI 的使用做一个整体的介绍，并以"旅游密度指数"数据，制作第一个 FineBI 仪表板。FineBI 具体的功能操作将随着后续的任务详细描述。

【任务描述】

首先在个人计算机上安装 FineBI 数据可视化分析工具软件；认识 FineBI 工具的界面、菜单、工具栏、资源导航、消息提醒及账号设置；通过一个初级案例学会 FineBI 操作流程。

【知识准备】

FineBI 支持安装在 Windows、Linux 和 Mac 三大主流操作系统上，其中 Windows 操作系统仅支持 64 位版本安装包。FineBI 支持移动端应用，支持在手机、平板等移动数字终端设备上进行数据可视化操作。

FineBI 软件在本地计算机上以"浏览器/服务器"（B/S）形式安装和运行，用户通过浏览器打开默认的网址，通过用户名、密码登录后进行分析操作，分析结果通过网页形式发布和分享，这样只需要知道网络链接，使用浏览器即可访问分析内容，数据用户不需要预装软件，也不受终端操作系统的限制。

通常，企业中的数据主要存储在各类数据库中。数据准备旨在建立 FineBI 和业务数据库之间的连接，并对数据进行分类管理和基础配置，为数据加工和数据可视化分析搭建好桥梁。FineBI 的数据准备过程包括新建数据连接、业务包管理和数据表管理。

【任务实施】

任务 1.3.1　安装 FineBI

我们下面来完成在 Windows、Linux 和 Mac 个人计算机上安装 FineBI。通过官网提供的下载入口 https://www.finebi.com/product/download，用户可以根据自身需求进行下载，如

图 1.5 所示。另外，本书所使用的 FineBI V5.1 版本安装包下载地址如下：https://www.fanruan.com/2020/finebivisual。

图 1.5　FineBI 下载页面

安装成功后，可以通过双击桌面上的快捷图标，启动 FineBI。未注册时启动 FineBI 会要求填写激活码，单击图 1.5 中的"免费试用"链接可以进入激活码免费获取页面，如图 1.6 所示，当用手机号注册成功后，将获得激活码。

图 1.6　激活码免费获取页面

FineBI 启动后，输入注册的账号进行登录，如图 1.7 所示。成功登录后会打开 FineBI 服务器窗口，单击窗口中的服务器地址（http://localhost:37799/webroot/decision），如图 1.8 所示，则进入 BI 决策平台，如图 1.9 所示。在该平台上就可以开始数据可视化分析工作了。

图 1.7 输入注册的账号，启动软件

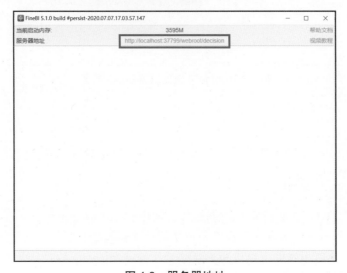

图 1.8 服务器地址

图 1.9 BI 决策平台

11

任务 1.3.2　认识 FineBI 操作界面

FineBI 数据决策系统的主界面如图 1.10 所示。主界面分为菜单栏、目录栏、资源导航及右上角的消息提醒与账号设置 4 个区域。

图 1.10　FineBI 数据决策平台主界面

1. 菜单栏

菜单栏设有"目录"、"仪表板"、"数据准备"、"管理系统"和"创建"五项功能菜单。打开 FineBI 后默认选中"目录"菜单，并在右侧显示对应的目录栏。

"仪表板"菜单用于前端的分析，作为画布或容器，可供业务员创建可视化图表进行数据分析。

"数据准备"菜单用于管理员从数据库获取数据到系统并准备数据，业务员进行数据再加工处理，可对业务包、数据表、自助数据集等资源进行管理。

"管理系统"菜单为管理员提供数据决策系统管理功能，支持目录、用户、外观、权限等的管理配置。

"创建"菜单可以让用户快捷新建数据连接、添加数据库表、添加 SQL 数据集、添加 Excel 数据集、添加自助数据集、新建仪表板。

2. 目录栏

目录栏可单击展开或者收起，展开后显示模板目录，选择对应模板单击后即可查看。FineBI 在展开的目录栏的上方提供了收藏夹、搜索模板、固定目录栏等功能选项。

3. 资源导航

资源导航区提供了 FineBI 的产品介绍和入门教程等资源入口，供用户参考、学习使用。

4. 消息提醒和账号设置

消息提醒会提示用户系统通知的消息，账号设置可以修改当前账号的密码，也可以退出当前账号返回 FineBI 登录界面。

任务 1.3.3　体验 FineBI 可视化基本流程

按照数据的处理流程和操作角色的不同，使用 FineBI 进行数据分析与可视化可以分为数据准备、数据加工、可视化分析三个阶段，其中每个阶段又可以作为独立的一环，前一阶段的输出可以作为下一阶段的输入。另外，FineBI 针对企业级应用提供了系统管理功能，用于管理用户、权限等。每个阶段面向的操作对象和具体流程如图 1.11 所示。

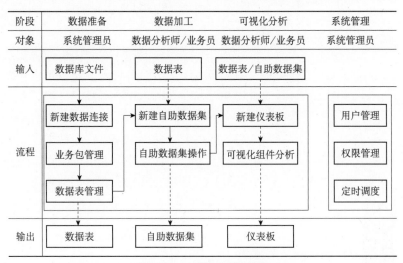

图 1.11　FineBI 使用流程

1. 数据准备

通常来说，企业中的数据主要存储在各类数据库中。数据准备旨在建立 FineBI 和业务数据库之间的连接，并对数据进行分类管理和基础配置，为数据加工和数据可视化分析搭建好桥梁。FineBI 的数据准备过程包括新建数据连接、业务包管理和数据表管理。

（1）新建数据连接。FineBI 提供了各类数据库的连接接口，并且支持自定义数据库连接。系统管理员通过图 1.12 或图 1.13 所示的入口，单击"新建数据连接"按钮后，选择数据库类型，填写对应的数据库信息，即可创建 FineBI 数据决策系统与所选数据库的连接。

图 1.12　通过"管理系统"菜单新建数据连接

图 1.13　通过"创建"菜单新建数据连接

图 1.14　业务包管理

（2）业务包管理。为了让可视化分析过程更有条理，更贴合企业的数据运营管理过程，FineBI 提供了业务包管理功能。在建立好与数据库的连接后，可以基于不同的业务主题创建不同的业务包来对数据表进行分门别类的存放与管理。

如图 1.14 所示，进入 FineBI 数据决策系统，单击左侧"数据准备"菜单即可看到以业务包形式展示的数据列表，用户可以对业务包进行添加、分组、重命名、删除等操作。

（3）数据表管理。数据表管理是指在业务包中添加已有数据连接中的数据库表或上传 Excel 数据表，并且对数据表进行编辑、关联配置、血缘分析等操作，供后续业务人员使用，如图 1.15 所示为数据表管理界面。

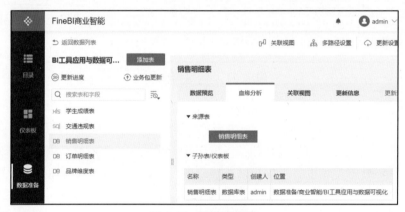

图 1.15　数据表管理

2. 数据加工

一般情况下，仅通过原始数据表并不能直接得到想要的数据结果，还需要对数据进行相应的加工处理。针对数据加工处理的需求，FineBI 重点打造了自助数据集功能，用于将基础数据表加工处理成后续可视化分析所需的数据集。数据加工过程包括新建自助数据集和自助数据集操作。

（1）新建自助数据集。业务人员通过创建自助数据集对管理员已创建的数据表进行字段的选择，并提供数据再加工处理等操作，保存以供后续前端分析。进入 FineBI 某一业务包，在数据表管理界面单击"添加表"按钮，选择"自助数据集"命令即可向该业务包中添加自助数据集，如图 1.16 所示。另外，也可以在"创建"菜单中快捷添加自助数据集。

（2）自助数据集操作。新建自助数据集后，第一步便是根据自身的需求选择数据表字段。完成后可以对自助数据集进行一系列的基础管理，并且可以对自助数据集中的数据进行加工，包括过滤、新增列、分

图 1.16　添加自助数据集

组汇总、排序、合并等。

3. 可视化分析

FineBI 中的数据可视化分析是通过可视化组件和仪表板来实现的。因此，FineBI 提供了仪表板工作区和可视化组件工作区，作为数据分析和可视化展示的区域。相应地，FineBI 的可视化分析阶段包含新建仪表板和可视化组件分析两个步骤。

（1）新建仪表板。仪表板是图表、表格等可视化组件的容器，能够满足用户在一张仪表板中同时查看多张图表，将多个可视化组件放到一起进行多角度交互分析的需求。

图 1.17　新建仪表板

仪表板工作区用于设计仪表板的组件排版和样式属性等。如图 1.17 所示，进入 FineBI 数据决策平台，单击左侧"仪表板"菜单，再单击"新建仪表板"选项，设置仪表板名称和位置后单击"确定"按钮，进入如图 1.18 所示的仪表板工作区界面。

图 1.18　仪表板工作区界面

仪表板工作区分为组件管理栏、菜单栏和组件展示与排版三个区域。组件管理栏用于向仪表板中添加可视化组件，包括图表组件、过滤组件和展示组件，还可以在仪表板中复用已有的组件。菜单栏用于移动、导出及调整仪表板样式等。组件展示与排版区域则用于显示当前仪表板中已经添加的可视化组件（空白仪表板仅在中间位置设置了"添加组件"的按钮），用户可以在这个区域对组件进行排版和一些调整操作。

（2）可视化组件分析。可视化组件是在 FineBI 中进行数据可视化分析的展示工具，通过添加来自数据表的维度、指标字段，使用各种表格和图表类型来展示多维数据可视化分析的结果。可视化组件工作区用于可视化组件的设置，包括类型、维度和指标、属性、样式等。

仪表板和可视化组件间通过数据表形成连接，用户可以在仪表板工作区单击"组件"按钮进入可视化组件工作区，也可以在数据表管理界面单击"添加组件"按钮进入。

可视化组件工作区如图 1.19 所示，我们可以看到它被划分为 6 个区域，分别是待分析维度、待分析指标、图表类型、属性/样式面板、横纵轴和图表预览区域。

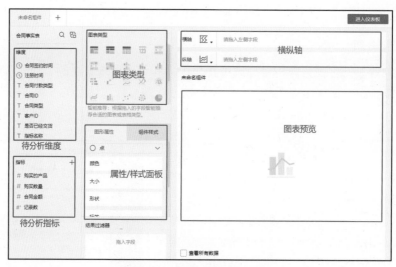

图 1.19　可视化组件工作区

"待分析维度"和"待分析指标"区域用于存放所选数据表的各个字段，FineBI 会自动识别维度和指标字段并显示在对应区域下。

"图表类型"区域用于选择可视化图表的类型。

"横纵轴"区域用于选择图表中所需要分析的数据字段，从"待分析维度"和"待分析指标"区域中拖入即可，当"图表类型"选择表格时，该区域显示为"维度/指标"。

"图表预览"区域用来展示可视化分析结果，结果随用户操作进行相应的调整。

"属性/样式面板"区域用于调整图表组件的属性和样式参数。

任务 1.3.4　第一个 FineBI 仪表板

该任务我们引入"旅游密度指数"数据，制作第一个 FineBI 数据可视化分析仪表板。

第一个 FineBI 仪表板视频讲解

1. 导入数据

（1）单击"数据准备"→"添加分组"，修改分组名为"旅游分析"，如图 1.20 所示。

图 1.20　添加"旅游分析"分组

（2）单击"旅游分析"右边的"+"号添加业务包，并将业务包命名为"游客与居民人数"，如图 1.21 所示。

图 1.21　在"旅游分析"分组下添加"游客与居民人数"业务包

（3）单击"游客与居民人数"业务包，进入添加表界面，单击"添加表"按钮后选择"Excel数据集"（注：图中为 EXCEL 数据集），如图 1.22 所示，在弹出的窗口中再单击"上传数据"按钮，从本机目录中选择"旅游密度指数.xlsx"。

图 1.22　添加旅游密度指数.xlsx 数据表

（4）输入"表名"为"游客与居民人数"，如图 1.23 所示，单击右上角"确定"按钮，导入的数据表如图 1.24 所示。至此我们完成了一个数据表的导入，同样方法可以导入更多数据。

图 1.23　导入数据表的命名

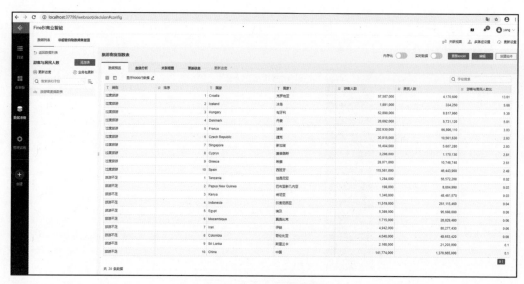

图 1.24　导入的数据表

2. 制作仪表板

（1）在如图 1.25 所示的"游客与居民人数"数据表界面首先单击右上角的"更新 Excel"按钮（注：图中为"更新 excel"）然后单击"创建组件"按钮，在弹出的窗口中输入新建仪表板名称"20 个国家游客与居民人数比"。

图 1.25　更新"游客与居民人数"数据表

（2）单击"确定"按钮，进入仪表板组件设计界面，把左侧数据区中"维度"栏的"国家"拖放到组件设计区"横轴"输入框，把"指标"栏的"游客人数"和"居民人数"分别拖放到组件设计区的"纵轴"输入框，即可生成包含 20 个国家游客、居民人数比较的柱状图形。

（3）选择"图标类型"中的"多系列柱形图"，如图 1.26 所示，并将"维度"窗口中"国家"字段拖放到"图形属性"中的"颜色"标记。

（4）设置横轴格式。单击"横轴"中的"国家"字段，在弹出的窗口中单击"设置分类轴"选项，设置横轴的样式，如图 1.27 所示。

（5）在"组件样式"中设置图表的标题为"各国游客和居民人数对比情况"，如图 1.28所示。

（6）在"组件样式"中设置图表的背景为深灰色、图例居下，得到最终的图表如图 1.29所示。

图 1.26　选择图表类型及颜色

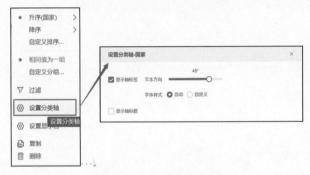

图 1.27　设置横轴的样式

图 1.28　设置图表的标题

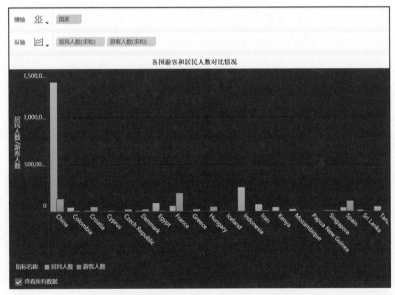

图 1.29　各国游客和居民人数对比情况图表

（7）最后单击图表右上角的"进入仪表板"按钮，则完成本次仪表板的制作。该仪表板中包含了一个图表组件。在仪表板的上方，通过单击"导出"按钮，可以将仪表板以 Excel 或 PDF 方式导出保存，如图 1.30 所示。

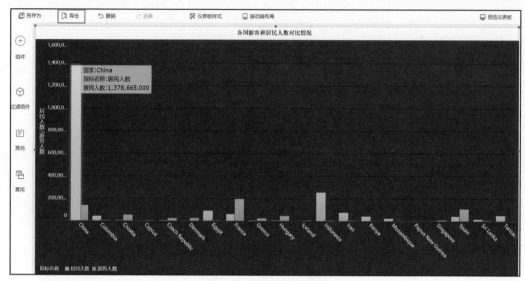

图 1.30　最终的仪表板

【归纳总结】

在任务 1.3 中，我们在计算机上安装 FineBI 工具软件，熟悉了工具、目录、菜单、用户管理等软件界面，通过体验软件的各个工作区及功能模块，体验软件的基本操作流程。我们引入一个简单案例——"旅游密度指数"数据，制作了第一个 FineBI 仪表板——"20 个国家游客与居民人数比较"，完整经历了从数据准备、数据处理到组件设计，完成一个简单仪表板的制作。

数据可视化分析涵盖了广泛多样的应用场景，要制作精美优质的数据可视化，除了需要出色的分析能力，还需要具备设计图形和讲述故事的技能。

能力拓展训练

【训练目标】

1. 熟悉数据可视化分析的基本流程。
2. 了解 FineBI 可视化工具的使用。

【具体要求】

下载并安装 FineBI5.1.0，连接数据源"空调零售明细表"，利用智能推荐中的"图表类型"选择折线图，创建一个"每日空调销售额"的折线图组件，并构建一个"每日空调销售额"简易仪表板。数据源请见"chapter1-2 空调零售明细表.xlsx"，如图 1.31 所示。

# 利润	# 销售额	# 销售量	T 产品类型	T 地区	T 分级市场	T 价格段	T 品牌
394	5,752	2	挂式冷暖	四川	一级市场	2000以下	美的
439	6,948	3	柜式冷暖	北京	一级市场	2000-3000	格力
910	25,960	16	挂式单冷	云南	一级市场	3000-4000	海尔
621	23,962	2	柜式单冷	吉林	一级市场	4000-5000	长虹
1,117	13,427	15	柜式单冷	浙江	一级市场	5000-7000	小天鹅
397	33,378	7	挂式单冷	江苏	一级市场	7000以上	三菱电机
1,309	8,650	9	柜式单冷	云南	一级市场	4000-5000	松下
824	27,478	13	柜式单冷	江苏	一级市场	5000-7000	海信
1,019	25,042	11	挂式单冷	江苏	一级市场	2000以下	三菱重工
688	9,362	11	柜式冷暖	云南	一级市场	7000以上	志高
694	17,461	16	柜式单冷	江苏	一级市场	4000-5000	奥克斯

图 1.31　空调零售明细表

项目二　可视化数据的准备

【能力目标】

1. 能够理解不同数据源类型特点，会进行各类数据源连接的配置。
2. 能够根据数据分析需求进行数据筛选处理，创建数据分析所需的新字段。
3. 能够理解多表关联的意义，可以对不同来源的多表数据进行不同关联的组合。

进行可视化任务首先要进行数据的准备，根据分析任务的要求，数据的来源可能不同，有可能来自外部网站或者企业内部的业务系统，数据准备的任务就是将不同的数据源整合到一起。

在信息化管理的企业中，绝大多数的数据都是存储在关系型数据库中的，所以需要将可视化分析软件连接数据源，获取分析所需的数据；Excel 类型的文档同样在企业中应用广泛，也是数据来源的主要途径。在获得相应的数据后，还需要通过数据可视化分析软件对数据进行整理、合并、创建新字段等操作，形成分析所需要的数据集。

FineBI 提供了一个统一的数据连接接口，通过选择不同的参数，就可以完成各类数据库的连接，从而获取数据库内的各个数据表。

 任务 2.1　连接数据源

【任务描述】

要开展分析任务，首先要确定数据源的类型，然后根据不同的类型分别进行预处理，将不同来源的数据导入 FineBI 分析软件的数据库，而 Excel 文件和关系型数据库需要采用不同的方式。

【知识准备】

1. Excel 表格

在日常工作中，经常使用 Excel 工作簿来管理各种数据，一个工作簿可以包括多个工作表。在 FineBI 中可以选择 Excel 数据表作为分析的数据源。在 FineBI 中选择 Excel 数据表，通过上传导入 FineBI 的工作库中，数据只需要导入一次就可以在后续环节中多次使用。

导入 Excel 数据时要求每个工作表有一个标题行，FineBI 会自动根据表格每列的数据来确定其类型。

2. 结构化数据

（1）MySQL 数据库。MySQL 是一个关系型数据库管理系统，属于 Oracle 旗下产品，分社区版（免费）和企业版（收费）两种类型。MySQL 是最流行的关系型数据库管理系统之一，在 Web 应用方面，MySQL 是最好的 RDBMS（Relational Database Management System，关系数据库管理系统）应用软件之一。

MySQL 数据库将数据保存在不同的表中，而不是将所有数据放在一个大仓库内，这样就加快了数据存取速度并提高了灵活性。MySQL 所使用的 SQL 语言是用于访问数据库的最常用标准化语言。由于其体积小、速度快、总体拥有成本低，尤其是开放源码这一特点，一般中小型网站和企业项目都选择 MySQL 作为数据库。

（2）SQL Server 数据库。SQL Server 是 Microsoft 公司推出的关系型数据库管理系统，具有使用方便、可伸缩性好、与相关软件集成程度高等优点。依靠微软的 Windows 平台，SQL Server 在众多的企业系统中被广泛用于数据存储。

Microsoft SQL Server 是一个全面的数据库平台，使用集成的商业智能（BI）工具提供了企业级的数据管理。Microsoft SQL Server 数据库引擎为关系型数据和结构化数据提供了更安全可靠的存储功能，使用户可以构建和管理用于业务的高可用和高性能的数据应用程序。

（3）Oracle 数据库。Oracle 数据库系统是美国 Oracle 公司（甲骨文）提供的以分布式数据库为核心的一组软件产品。作为一个通用的数据库系统，Oracle 数据库具有完整的数据管理功能；作为一个关系型数据库，它是一个完备关系的产品；作为分布式数据库，它实现了分布式处理功能。

Oracle 数据库最新版本为 Oracle Database 19c。Oracle Database 19c 引入了一个新的多承租方架构，使用该架构可轻松部署和管理数据库云。此外，一些创新特性可最大限度地提高资源的使用率和灵活性，如 Oracle Multitenant 可快速整合多个数据库，而 Automatic Data Optimization 和 Heat Map 能以更高的密度压缩数据和对数据进行分层。

虽然相对于前面两款数据库系统，Oracle 数据库的商业售价较高，但是 Oracle 数据库可用性强、可扩展性强、数据安全性强、稳定性强，在国内大中型企业中应用广泛。

（4）DB2。IBM DB2 是美国 IBM 公司开发的一套关系型数据库管理系统。DB2 主要应用于大型应用系统，具有较好的可伸缩性，可支持从大型机到单用户环境，应用于所有常见的服务器操作系统平台下。DB2 提供了高层次的数据利用性、完整性、安全性、可恢复性，以及小规模到大规模应用程序的执行能力，具有与平台无关的基本功能和 SQL 命令。

DB2 采用了数据分级技术，能够使大型机数据很方便地下载到 LAN 数据库服务器，使得客户机/服务器用户和基于 LAN 的应用程序可以访问大型机中的数据，并使数据库本地化及远程连接透明化。

DB2 以拥有一个非常完备的查询优化器而著称，其外部连接改善了查询性能，并支持多任务并行查询。DB2 具有很好的网络支持能力，每个子系统可以连接十几万个分布式用户，可同时激活上千个活动线程，对大型分布式应用系统尤为适用。

不过由于 DB2 早期面向 IBM 大型机，在国内的知名度不及 Oracle 和 SQL Server，以及硬件、售价等因素，在国内企业中使用并不多，大多集中在金融领域内。

3. FineBI 组合数据的方式

在连接数据源之前，需要了解一下 FineBI 中数据表的存放方式。分组和业务包是FineBI 的数据管理方式，如图 2.1 所示，可以理解为文件夹，分组和业务包的关系就相当于上层文件夹和下层文件夹，业务包中存放着用户定义数据连接从数据库中获取的数据或者上传的 Excel 数据，也就是用户需要使用进行分析的数据表。一个分组可以包含多个业务包。

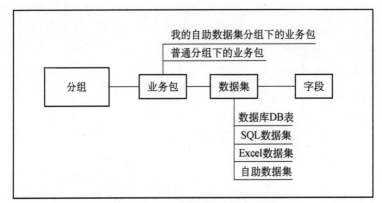

图 2.1　FineBI 数据表的组织结构

业务包通过 FineBI 定义的数据连接从数据库中获取数据。业务包中包含了连接数据库所获取的数据表。若为非实时数据表，业务包在数据更新以后将获取到的数据保存在本地，BI 分析则从本地读取数据。实时数据的数据表中则保存了获取连接数据库数据的一系列SQL 配置等，在模板分析时生成相应的 SQL 语句向数据库查询。

【任务实施】

连接 Excel 数据源视频讲解

任务 2.1.1　连接 Excel 数据源

Excel 采用了工作簿形式存储数据，在使用时可以直接在"数据准备"菜单中将其导入到分析软件中，不需要额外建立数据链接。

（1）在 FineBI 中选择"数据准备"菜单，右侧出现数据列表，显示当前用户可以使用的分组和业务包，如图 2.2 所示。

（2）接下来以创建 GDP 分组为例，说明 Excel 数据源的使用。在图 2.2 所示界面中单击"添加分组"按钮，输入分组名称为"GDP"，然后单击该分组名称，再单击"添加业务包"按钮，输入业务包名称为"全国 GDP"（业务包名称不可重复）。光标位于分组或业务包时，右侧显示"…"，可以对它进行重命名或删除操作，如图 2.3 所示。

（3）单击业务包名称，即可进入数据列表界面，如图 2.4 所示。单击"添加表"按钮，在弹出下拉菜单中选择"Excel 数据集"命令。

图 2.2　数据列表界面

图 2.3　分组与业务包的管理

图 2.4　数据表界面

　　如选择"全国 GDP"业务包，单击"添加表"按钮，会弹出上传 Excel 文档的界面。单击"上传"按钮，选择"各省 GDP 增速.xlsx"文件，上传完成后，界面左侧显示上传数据的字段结构，右侧对数据进行预览，如图 2.5 所示。第一列"省份"被识别为文本型数据，其余列被识别为数值型数据。在界面左上角输入"表名"为"GDP 增速"，单击"确定"按钮即可完成数据表的创建。

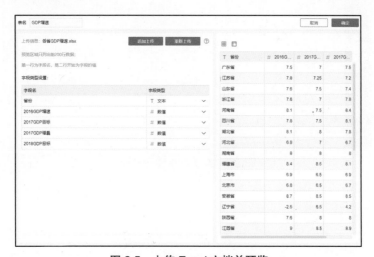

图 2.5　上传 Excel 文档并预览

　　（4）依次上传"生产总值""消费价格"两个工作簿中的数据到业务包中。如果后期数据有更新，可以通过单击图 2.6 右侧的"更新 Excel"按钮（图中为"更新 excel"），重新打开对话框，对 Excel 数据集进行追加或更新。

图 2.6　上传多个 Excel 数据集

FineBI 支持追加上传与重新上传的操作，如表 2.1 所示。

表 2.1 上传类型

上传类型	解释
追加上传	在原先 Excel 数据表的基础上追加 Excel 数据
重新上传	此次上传 Excel 数据会替换原先的数据

任务 2.1.2 连接 MySQL 数据源

FineBI 支持从 MySQL 这类关系型数据库中获取数据进行分析，并且为这些数据库系统提供了一个统一的管理和设置界面。在进行"业务包"添加"数据集"之前，需要通过"管理系统"菜单中的"数据连接"下的"数据连接管理"进行数据源设置，方便数据集获取。数据连接的管理界面如图 2.7 所示。

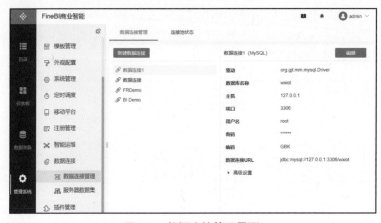

图 2.7 数据连接管理界面

在 FineBI 中可以选择众多的数据源，但其设置的基本过程相同，接下来以 MySQL 数据源为例，说明连接过程。

（1）在图 2.7 所示的界面中单击"新建数据连接"按钮，打开数据源类型选择界面，如图 2.8 所示。常用选项卡列表中包括了 HyperSQL、DB2、SQL Server、MySQL、Oracle 五种类型，选择左侧的"所有"选项，可以查看系统支持的所有数据库类型，如图 2.9 所示，用户通过单击图标可以选择相应的数据库类型。

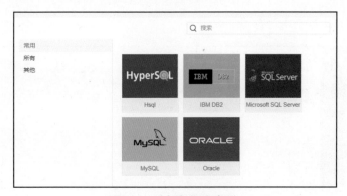

图 2.8 选择数据库类型

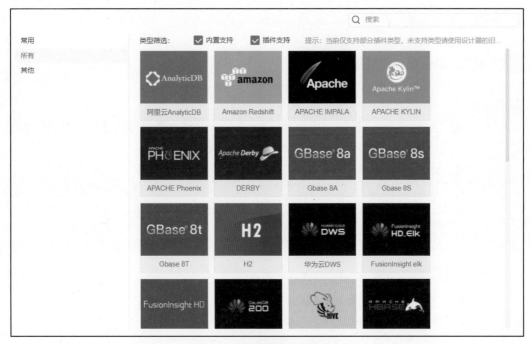

图 2.9　所有数据库类型列表

（2）选择"MySQL"，进入下一步，进行数据库连接的相关参数设置界面，如图 2.10 所示。一般设置数据库连接的参数包括以下几个。

① 数据库名称：一个数据库管理系统可以包括多个数据库，因此连接时需要知道具体的数据库名字。

② 主机：如果分析数据来自本机，可以填 localhost；如果是网络中的其他机器，则填该机器 IP 地址。

图 2.10　数据库连接参数设置

③ 端口：数据库系统软件绑定的通信端口，这是远程访问必需的。

④ 用户名：有权限访问该数据库的用户名。

⑤ 密码：数据库用户对应的密码。

⑥ 编码：数据库存储字符时一般要确定一个编码，如果不清楚，可以询问数据库管理员或者选择"自动"尝试。

（3）设置完毕，可以单击右上角的"测试连接"按钮进行数据库连接测试，成功后单击"保存"按钮，相关数据库连接将会出现在图 2.7 所示的界面中。

（4）最后，回到"数据准备"菜单→"业务包"界面（见图 2.4），单击"添加表。"按钮，在弹出的下拉菜单中选择"DB 数据表"命令，即可打开图 2.11 所示界面。

图 2.11　数据库选表界面

在图 2.11 所示的界面中，用户可以选择数据分析所需的多个数据表，单击"确定"按钮，FineBI 会根据数据的行数，将相应的数据记录从源数据库导入到分析软件的数据库中，如图 2.12 所示。

一般情况下，为了避免数据分析软件对生产数据库产生影响，FineBI 会将分析数据导入到分析软件的工作数据库中。如果数据实时性比较强，可以在图 2.12 中，单击"实时数据"开关按钮，使数据可以直接同步生产数据库。

图 2.12　数据库选表完成界面

任务 2.1.3　添加 SQL 数据集

在实际工作中，我们要分析的数据集可能来自不同数据库的不同数据表，在分析前需要合并数据。FineBI 提供了一个"SQL 数据集"功能，通过组合查询，实现对数据的合并，并生成对应的数据集。

（1）单击"添加表"按钮，在弹出的下拉菜单中选择"SQL 数据集"命令，如图 2.13 所示，将弹出 SQL 数据集界面，如图 2.14 所示。

图 2.13　选择"SQL 数据集"

（2）在图 2.14 所示的界面中，左侧 SQL 语句框内，可以按 SQL 语句进行输入，通常在这里可以使用数据库的标准 SQL 语句来提取数据库中的数据。不过，这需要使用者具备 SQL 语句的知识，并对数据连接及数据库表结构有一定的了解。

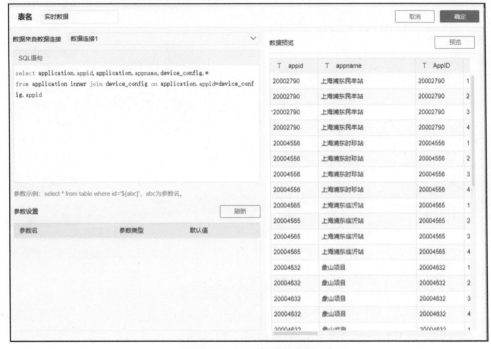

图 2.14　SQL 数据集界面

【归纳总结】

1. 选择 Excel 文档作为数据源时，为便于后期数据处理，需要为每列数据添加标题，标题名称将作为字段名使用；每列数据的类型可以在导入后进行修改。

2. 选择 MySQL 数据库作为数据源时，可以根据分析需要来选择导入分析数据库中的字段，对应的字段类型一般和原数据库保持一致，如果需要进行转换，可以通过新建字段来完成，通过新建字段可以实现对原有的数据列计算生成新的数据列。

3. 选择 SQL 数据集作为数据源时，需要具备关系数据库相关的知识，通过 SQL 语句灵活抽取相应的数据。

任务 2.2　创建自助数据集

【任务描述】

在数据分析时，有些分析指标所需要的数据字段不是原数据源直接能够提供的。此时，可以通过自助数据集，将 Excel 数据集与 DB 数据集进行融合，通过选取字段、构建新字段等操作，生成一个适用于数据分析的数据集。

【知识准备】

自助数据集是指对分布的。异构数据源中的数据，比如关系数据等底层数据进行一定的处理和加工；或者对已有的数据进行业务方面的自助探索和分析。将处理后的表保存到业务包中，作为后续数据可视化的基础。创建自助数据集的流程如图 2.15 所示。

这里，需要用到 FineBI 自带的数据连接"FRDemo"，内容中涉及的所有表名都默认带前缀"FRDemo_"。

（1）创建一个名为"业务分析"的分组，在该分组下创建"销售数据表"业务包。单击该业务包，选择"添加表"→"DB 数据库表"命令，打开数据库选表界面。

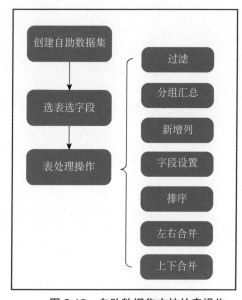

图 2.15　自助数据集支持的表操作

（2）在左侧选择"FRDemo"，在右侧选中所有的数据表，如图 2.16 所示，单击"确定"按钮，将所有的数据表都添加到业务包下，再单击"业务包更新"按钮，在打开的对话框中单击"立即更新该业务包"按钮，结果如图 2.17 所示。

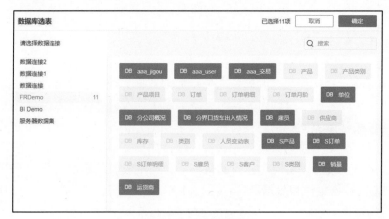

图 2.16　选择数据表

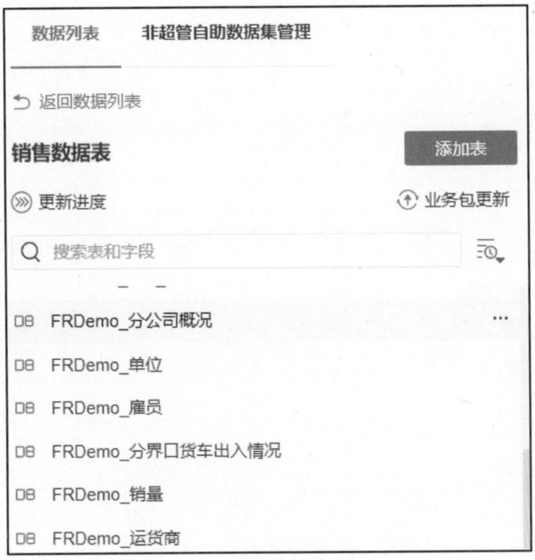

数据列表　非超管自助数据集管理

↩ 返回数据列表

销售数据表　　　　　　　　　　　添加表

▶▶ 更新进度　　　　　　　　　↑ 业务包更新

🔍 搜索表和字段

DB　FRDemo_分公司概况　　　　　　　···

DB　FRDemo_单位

DB　FRDemo_雇员

DB　FRDemo_分界口货车出入情况

DB　FRDemo_销量

DB　FRDemo_运货商

图 2.17　添加数据表后的界面

【任务实施】

任务 2.2.1　选字段

使用 FineBI 自助数据集时首先需要选择字段，然后才能做一系列数据加工分析的操作。选择字段是指将需要进行数据加工处理的字段添加进来，不需要的表和字段则不用添加。这样的操作方式增强了实用性，加快了处理速度。同时自助数据集可对创建了关联的两个数据集进行跨表选字段。

创建自助数据
集——选字段
视频讲解

在"FRDemo_S 订单明细"表中包括订单 ID、产品 ID、单价、数量等信息，数据如图 2.18 所示。在"FRDemo_S 产品"表中包括产品 ID、产品名称、供应商 ID 等，如图 2.19 所示。

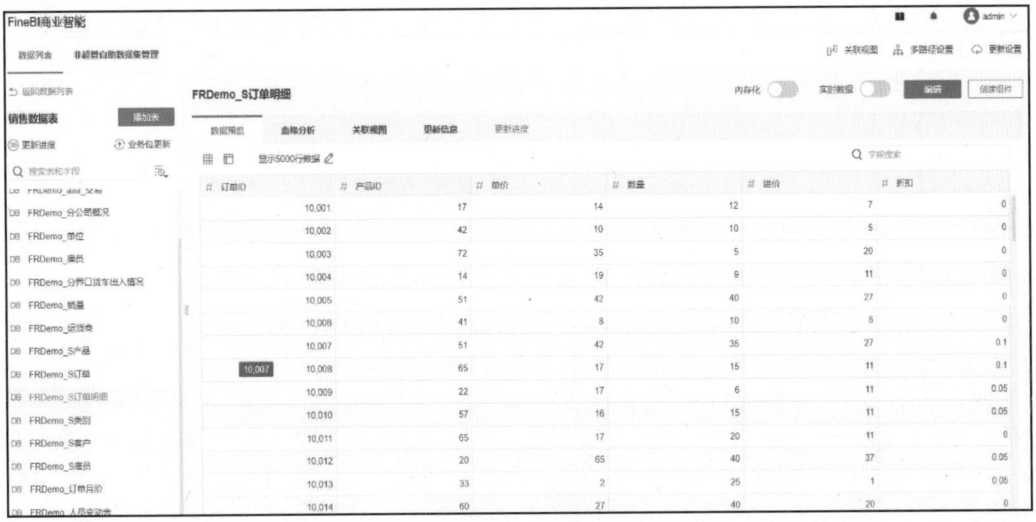

图 2.18　订单明细表

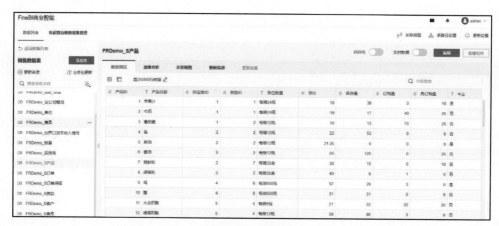

图 2.19　产品表

下面以"FRDemo_S 订单明细"数据表和"FRDemo_S 产品"数据表为例，说明如何在两个表之间选择字段。

（1）在多个表之间选取字段，需要在表之间进行关联。在"FRDemo_S 产品"表中选择"关联视图"，单击"添加关联"按钮，弹出的对话框如图 2.20 所示。

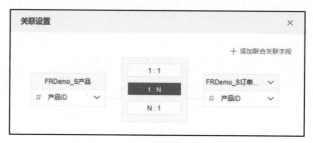

图 2.20　"关联设置"对话框

（2）在左侧下拉列表中选择"产品 ID"，右侧先选择关联的表"FRDemo_S 订单明细"，再选择字段"产品 ID"。中间选择"1:N"，表示两个表之间通过"产品 ID"进行关联，1:N 表示 1 个产品在 N 个订单中被引用。单击"确认"按钮，结果如图 2.21 所示。

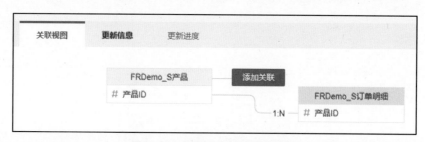

图 2.21　产品与订单明细的关联

（3）单击"更新业务包"按钮更新业务包信息，再单击"添加表"→"自助数据集"命令，选择"FRDemo_S 产品"表，并在右侧勾选产品内的字段，如"产品 ID""库存量""产品名称"，选择与"FRDemo_S 产品"表关联的"FRDemo_S 订单明细"表，勾选"单价""数量"字段，并输入新的表名，单击右上角的"保存"按钮完成数据集的创建，如图 2.22 所示。

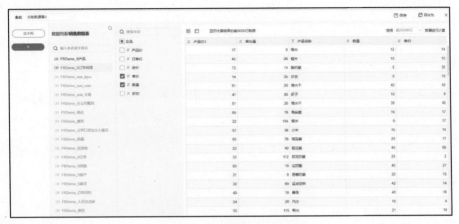

图 2.22 在关联中勾选字段

任务 2.2.2 过滤

过滤，用于对数据集进行筛选，排除在数据分析中无效的记录。在上述自助数据集中，如果要排除单价小于 10 元的商品销售数据，则进行如下操作。

（1）在如图 2.23 所示的界面中需要单击"+"按钮，在弹出的菜单中选择第一项"过滤"。

（2）打开"过滤"界面，如图 2.24 所示，单击"添加条件（且）"，出现字段列表，选择"单价"字段，再选择"大于""固定值""10"，即可筛选出单价大于 10 元的产品。

图 2.23 "过滤"菜单

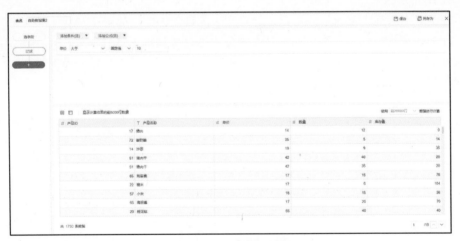

图 2.24 "过滤"界面

任务 2.2.3 分组汇总

分组汇总是指对原始数据根据条件将相同的数据先合并到一组，然后按照分组后的数据进行汇总计算。FineBI 中通过设置分组字段和汇总字段来实现。

选择"FRDemo_S 订单"表，把"产品 ID"字段拖放到"分组"栏位置，把"数量"字段拖放到"汇总"栏位置，在"数量"字段下拉菜单中选择"求和"命令。完成的分类汇总效果如图 2.25 所示。

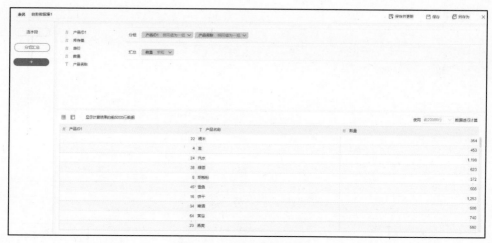

图 2.25　设置"分类汇总"

任务 2.2.4　新增列

新增列是指业务人员在不影响原数据的情况下通过对现有数据列计算而得到的一个新的数据列，保存在业务包中以供后续业务分析使用。比如数据格式的转化、时间差、分组赋值等，就可以使用新增列功能。

例如，在订单表中有订购日期和发货日期，如果要计算配送周期（天数），要用发货日期减去订购日期。

（1）在业务包中选中"FRDemo_S 订单明细"表，单击表名右侧的"…"按钮，在弹出的下拉菜单中选择"编辑"命令，打开对应表的设置界面，如图 2.26 所示。我们可以看到订购日期、到货日期、发货日期都是文本型数据，为后面的计算需要，单击该字段，在下拉列表中将这些字段类型改为日期型。单击右上角的"保存"按钮，保存设置。

图 2.26　订单表的字段设置

（2）创建"自助数据集"，选择"FRDemo_S 订单明细"表，选择"订单 ID""订购日期""发货日期"三个字段，再单击"添加列"按钮，打开"新增列名"对话框，如图 2.27 所示。

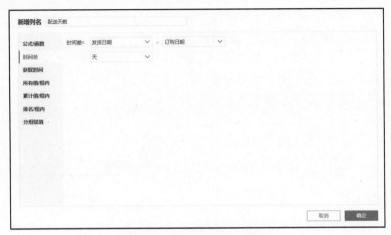

图 2.27 "新增列名"对话框

（3）输入"新增列名"为"配送天数"，在"公式/函数"栏下选择"时间差"，在右侧选择"发货日期"－"订购日期"，结果选择"天"。单击"确定"按钮，我们完成了一个新增字段"配送天数"的设置。我们可以在界面可以获取配送天数，如图 2.28 所示。

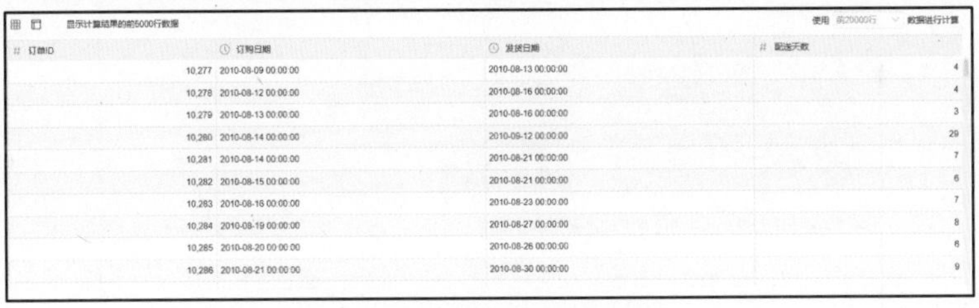

图 2.28 预览"配送天数"

任务 2.2.5 字段设置

有时用户需要对自助数据集中的字段进行一些处理，比如取消选择相关字段或者修改字段名称。

对图 2.25 所示分类汇总以后的结果，将字段名"数量"改为"数量总计"，如图 2.29 所示。

图 2.29 字段设置

任务 2.2.6　排序

有时用户需要在原数据表的基础上新增一张表对字段进行重新排序并保存以供后续分析使用。FineBI 提供的排序功能可以对数据库中的字段进行重新排序，业务人员可以直接在原数据表的基础上新增一张表对字段进行重新排序并保存以供后续分析使用。例如，对分类汇总显示的结果，我们需要以产品 ID 来排序，便于后期可以按确定的顺序进行可视化图形显示。

单击"排序"按钮，在右侧单击"添加排序列"按钮，选择"产品 ID"字段，即可以实现对汇总的数据进行排序，如图 2.30 所示。

图 2.30　排序设置

任务 2.2.7　字段合并

1. 左右合并

在实际使用数据的过程中经常会需要将两张表联合在一起形成一张新表的情况，假如有这样两张数据表，Table A：记录了学生姓名、英语成绩；Table B：记录了学生姓名、数学成绩。如果想在一张表中就看到学生的姓名、数学成绩和英语成绩，就可以使用左右合并功能。不同的合并方式效果如图 2.31 所示。

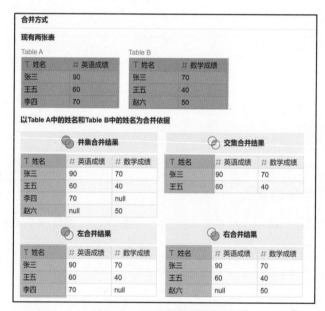

图 2.31　不同合并方式效果

在示例数据库中有"FRDemo_雇员"和"FRDemo_S 雇员"两个表，都包含雇员数据，不过字段不一样，记录数也不相同。现在想将两表数据进行合并，创建自助数据集"全体雇员"。

（1）在"FRDemo_雇员"表中选择字段"雇员 ID""出生日期""地址""性别""性别"，然后选择"并集合并"，再选择"FRDemo_S 雇员"表中的"雇员 ID""名字""姓氏""职务"字段。单击"确定"按钮完成设置，界面如图 2.32 所示。选择"并集合并"后的结果如图 2.33 所示。

图 2.32　合并时依据的字段

# 庫员ID	T 出生日期	T 地址	T 性别	T 姓名	T 姓氏	T 职务
1	1979-12-08 00:00:00	复兴门 245 号	女	张颖	张	销售代表
2	1985-02-19 00:00:00	罗马花园 890 号	男	王伟	王	副总裁(销售)
3	1983-08-30 00:00:00	芍药园小区 78 号	女	李芳	李	销售代表
4	1988-09-19 00:00:00	前门大街 789 号	男	郑建杰	郑	销售代表
5	1975-03-04 00:00:00	学院路 78 号	男	赵军	赵	销售经理
6	1986-07-02 00:00:00	阜外大街 110 号	男	孙林	孙	销售代表
7	1985-05-29 00:00:00	成府路 119 号	男	金士鹏	金	销售代表
8	1988-01-09 00:00:00	建国门 76 号	女	刘英玫	刘	内部销售协调员
9	1989-07-02 00:00:00	永安路 678 号	女	张雪眉	张	销售代表
10	1965-11-21 00:00:00	健康路190号	女	李朋朋	陈	销售代表

共 18 条数据

图 2.33　交集合并结果

（2）根据需要可以在左侧选择不同合并方式，默认情况下，FineBI 会将两个表的同名同类型字段作为合并处理的对象。

2. 上下合并

可能存在这样的情况：一家公司由于历史原因，把订单信息分开存储在了多个地方，或不同分公司独立存储，导致信息并不通畅。那么在 FineBI 中就可以使用"上下合并"功能将数据表拼接成一个，把所有订单信息协调在一起。"上下合并"的示例效果如图 2.34 所示。需要注意的是，上下合并操作通常适用于两表结构相同的情况。

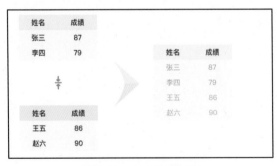

图 2.34　上下合并效果

【归纳总结】

1. 选择自助数据集作为数据源时，本质上是对 Excel 数据源或 DB 数据源导入的数据表进行再次运算，通过筛选、分类汇总等方式生成新的数据表。

2. 不同的数据源产生的数据，会统一加载到 FineBI 分析软件的数据库，如果数据源的数据修改了，则必须通过再次上传（Excel）或更新业务包来完成。

能力拓展训练

【训练目标】

1. 能够根据不同数据源类型，将数据集添加到分析平台中。
2. 能够根据分析要求，对导入的数据表字段进行类型转换和新字段的创建。
3. 能够使用自助数据集提供的功能，通过筛选、分类汇总形成新的数据集。

【具体要求】

通过示例数据连接 FRDemo，完成以下操作。

1. 通过示例数据连接，选择"FRDemo_S 订单明细"表，创建新字段"运输天数"，其计算公式为运输天数=到货日期−发货日期。

2. 通过示例数据连接，创建自助数据集"客户订购"，"FRDemo_S 订单明细"表与"FRDemo_S 客户"表按"客户 ID"进行关联，"客户订购"数据集中包括"订单 ID""客户 ID""客户名称""运费"等字段。

3. 根据"客户订购"数据集，按"客户 ID"进行分类汇总，计算各客户的"平均运货费"，要求显示"客户 ID""客户名称""平均运费（可通过字段设置）"字段。

4. 对"FRDemo_S 产品""FRDemo_S 类别"表进行关联视图设置，通过"类别 ID"进行关联，要求分类汇总中显示"类别 ID""类别名称""产品数量"字段。

5. 确认"FRDemo_S 产品""FRDemo_S 类别""FRDemo_订单明细"表之间进行的关联，分类汇总计算每类别产品的销售数据、销售金额，汇总结果要求按"类别 ID"进行升序排序。

项目三　图表的选择与实现

【能力目标】

1. 能够根据数据比较、联系、分布及构成关系的特点，选择合适的图表。
2. 能够根据空间数据的特点，选择合适的数据地图。
3. 能够运用大数据可视化分析工具 FineBI 实现常用可视化图表。

　　大数据时代，各行各业越来越重视数据价值，可以通过可视的、交互的图表方式将数据背后隐藏的信息和规律表示出来。目前，随着可视化技术的发展，视觉元素越来越多样，有柱形图、线形图、折线图、饼图，并扩展到了面积图、散点图、地图、雷达图等各种各样的丰富的图形。

　　选择合适的图表表示信息非常重要。数据是不会说谎的，如果图表选择不恰当，那么图表呈现的信息就非常难理解。因此，在做数据分析报告前，需要确保选择合适的图表来准备表达你所要传递和分享的信息。数据可视化专家 Andrew Abela 将图表展示的数据关系分为 4 种情况：一种是需要展示数据间比较关系的可视化；一种是需要展示数据间联系的可视化；一种是需要展示数据间构成的可视化；一种是需要展示数据间分布的可视化。本项目将对四种可视化类型的可视化进行分析。

 # 任务 3.1　数据比较关系可视化

【任务描述】

　　目前，有一份 2018 年 1～5 月中国空调零售数据，包括品牌、地区、分级市场、产品类型、销售量、销售额、价格段、利润等字段，如图 3.1 所示。

　　针对这份数据源，现在需要对空调零售情况进行对比分析。

　　（1）各品牌空调销售量对比情况。

　　（2）格力空调各月销售额和利润额的对比情况。

　　（3）各类产品销售额随时间变化趋势对比。

# 利润	# 销售额	# 销售量	T 产品类型	T 地区	T 分级市场	T 价格段	T 品牌
394	5,752	2	挂式冷暖	四川	一级市场	2000以下	美的
439	6,948	3	柜式冷暖	北京	一级市场	2000-3000	格力
910	25,960	16	挂式单冷	云南	一级市场	3000-4000	海尔
621	23,962	2	柜式单冷	吉林	一级市场	4000-5000	长虹
1,117	13,427	15	柜式单冷	浙江	一级市场	5000-7000	小天鹅
397	33,378	7	挂式单冷	江苏	一级市场	7000以上	三菱电机
1,309	8,650	9	柜式单冷	云南	一级市场	4000-5000	松下
824	27,478	13	柜式单冷	江苏	一级市场	5000-7000	海信
1,019	25,042	11	挂式单冷	江苏	一级市场	2000以下	三菱重工
688	9,362	11	柜式冷暖	云南	一级市场	7000以上	志高
694	17,461	16	柜式单冷	江苏	一级市场	4000-5000	奥克斯

图 3.1　2018 年 1～5 月中国空调零售业部分数据

【知识准备】

1. 数据比较关系可视化

数据比较关系可视化可以分为两种情况，一种基于某个分类进行数据比较，当少数分类需要表示的项目也比较少时可以用柱形图；如果要表示的项目比较多，可以用条形图表示；当多种分类时可以用表格表示。

另一种基于时间比较数据在不同时间周期内的变化，当周期数多时可以用曲线图，当周期数较少时可以用柱形图，当分类数比较多时可以用多条曲线进行表示，如图 3.2 所示。

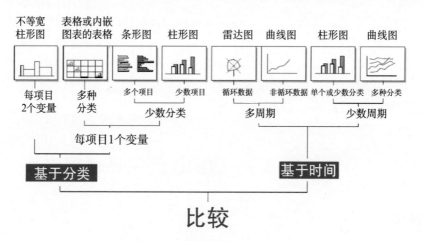

图 3.2　数据比较关系可视化图表

2. 数据比较可视化常用图表

（1）条形图表示不同类别数据对比情况

条形图是用宽度相同的条形的长短来表示数据多少的图形。条形图可以横置或纵置，横置时称为水平条形图，如图 3.3 所示；纵置时称为垂直条形图或柱形图，如图 3.4 所示，这两个图直观地比较了多个国家的财税收入情况。

条形图用于展示多个分类的数据变化和同类别各变量之间的比较情况，适用于对比分类数据。条形图是统计图资料分析中最常用的图形，能够使人们一眼看出各类数据的大小，易于比较数据之间的差别。

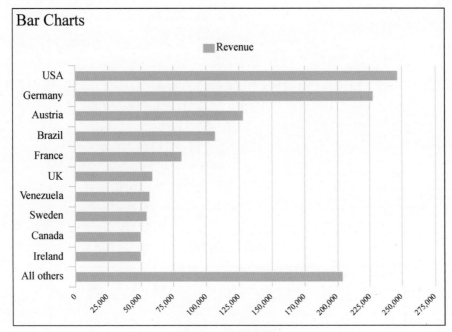

图 3.3　水平条形图

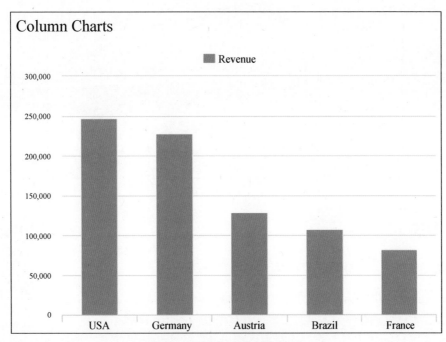

图 3.4　垂直条形图（柱形图）

（2）曲线图、面积图表示数据在不同时间周期对比的情况

曲线图（见图 3.5）和面积图（见图 3.6）都非常适用于显示相等时间间隔下，数据变化的情况和趋势。而面积图又称区域图，用于强调数据随时间变化的程度，也可用于引起人们对总值趋势的注意。

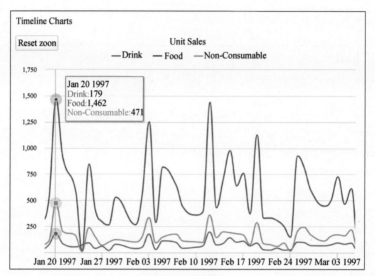

图 3.5　曲线图

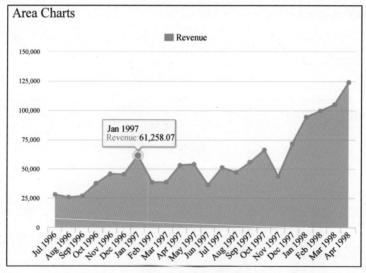

图 3.6　面积图

【任务实施】

任务 3.1.1　各品牌空调销售量的对比情况

在该任务中，由于需要分析各品牌空调销售量的情况，由于品牌属于类别数据，而且空调品牌项目多，因此可以选择条形图来表示。

（1）打开 FineBI 工具，新建"空调零售分析"仪表板，连接"空调零售明细表"数据源，进入组件创建界面，分别将"维度"窗口中的"品牌"字段拖放到"纵轴"，将"指标"窗口中的"销售量"拖放到"横轴"，得到基本的条形图，如图 3.7 所示。

（2）为了更好地查看各名牌销售量的排名情况，可以对各品牌按销售量进行降序排序。单击"纵轴"中的"品牌"字段边的小三角，在弹出的菜单中选择"降序"→"销售量（求

各品牌空调销
售量的对比情
况视频讲解

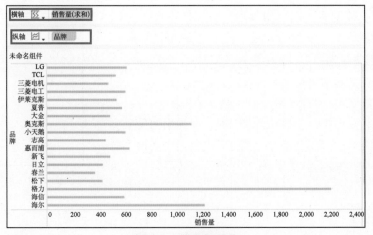

图 3.7　基本条形图

和)"命令,如图 3.8 所示。

　　(3) 为了用颜色区分各个品牌,可以将"维度"窗口中的"品牌"字段拖放到"图形属性"→"颜色"标记中,即用颜色映射各个品牌名称,如图 3.9 所示。如果单击"颜色",可以重新为各个品牌分配自己喜欢的颜色,效果如图 3.10 所示。

图 3.8　按销售量对各品牌进行排序

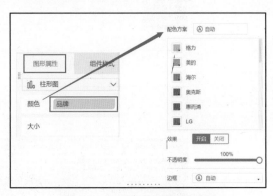

图 3.9　为各品牌重新分配颜色

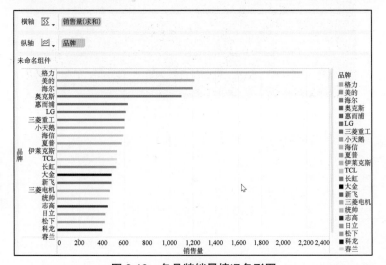

图 3.10　各品牌销量情况条形图

（4）最后美化图表。在"组件样式"窗口中可以对标题、图例、轴线、背景等进行设置。这里设置组件标题为"各品牌空调销售量情况"，隐藏"图例"，并设置背景颜色为深灰色，如图 3.11 所示。

（5）设置轴样式。如果不需要轴标题"销售量"，可以单击横轴"销售量（求和）"字段边的小三角，在弹出的菜单中选择"设置值轴（下值轴）"命令，在打开的窗口中去掉"显示轴标题"选项中的✔即可，如图 3.12 所示。各品牌空调销售量对比最终效果如图 3.13 所示。

图 3.11　设置图表样式

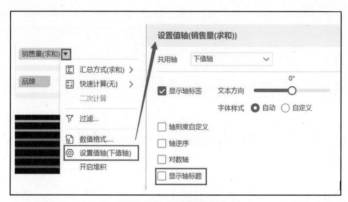

图 3.12　设置轴标题

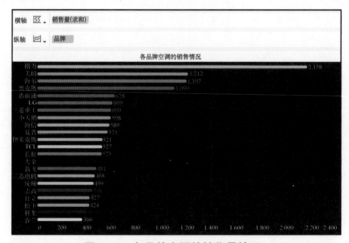

图 3.13　各品牌空调的销售量情况

图 3.13 中，我们看到销量前三名的品牌分别是格力、美的和海尔，特别是格力空调销量遥遥领先。而销量最后三名是松下、科龙和春兰，均未达到平均值。

任务 3.1.2　格力空调各月销售额和利润额的对比情况

在该任务中，由于需要对格力空调每月的销售额和利润额进行对比，因此该数据是基于时间的，可以用曲线图或柱形图来表示。由于数据周期

格力空调各月销售额和利润额的对比情况视频讲解

一共有 5 个月，周期比较少，所以可以用柱形图表示。

（1）将"维度"窗口中的"时间"和"品牌"字段拖放到"横轴"，将"指标"窗口中的"销售额"和"利润"字段拖放到"纵轴"。

（2）设置横轴日期为"年月"。由于需要分析的是各月的数据情况，所以将"横轴"中的"时间"字段设置为"年月"格式，如图 3.14 所示。

（3）筛选"格力"品牌。由于只需分析"格力"品牌，所以为"横轴"中的"品牌"字段设置筛选器，如图 3.15 所示，筛选依据为"字段"，选择"格力"品牌。

图 3.14　设置时间格式

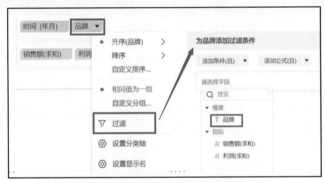

图 3.15　为品牌添加过滤条件

（4）为"销售额"和"利润"设置颜色。将"维度"窗口中的"指标名称"拖放到"图形属性"→"颜色"标记，默认设置"销售额"颜色显示为绿色，"利润"颜色显示为蓝色，如图 3.16 所示。

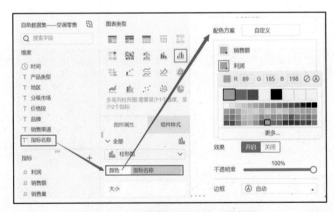

图 3.16　为销售额及利润分配颜色

（5）最后，美化图表。单击"横轴"中的"时间（年月）"和"品牌"两个字段边的小三角，在弹出的菜单中选择"分类轴"命令，去掉"显示轴标题"选项前默认的 ✔。在"图形属性"中设置图表的背景色为黑色，去除轴线，设置图表标题，最终效果如图 3.17 所示。

图 3.17 中我们看到 2 月份的销售额和利润最低，而 5 月份最高，每月利润只有销售额的十分之一左右。

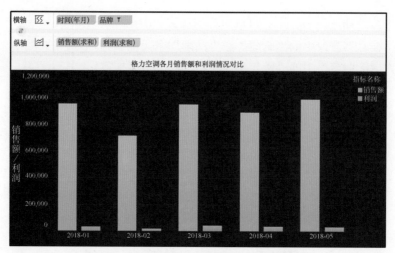

图 3.17 格力空调各月销售额和利润情况对比

任务 3.1.3 各类产品销售额随时间变化情况对比

在该任务中，需要对各个产品销售额随时间变化进行对比。这是基于时间的数据比较情况，可以选用柱形图和曲线图表示。如果选用曲线图，则更能表示变化的趋势。所以我们用曲线图来完成该任务。

各类产品销售额随时间变化情况对比视频讲解

（1）将"维度"窗口中的"时间"字段拖放到横轴，由于我们只需查看趋势，不需要使用每天的数据，所以将默认的"年月日"日期格式改为"年月"。单击横轴中"时间"字段，在弹出的菜单中选择"年月"时间格式。

（2）将"指标"窗口中的"销售额"字段拖放到"纵轴"，然后在"图表属性"中将"图标类型"设置为"线"，就生成所有类型产品 1～5 月销售额的折线图，如图 3.18 所示。

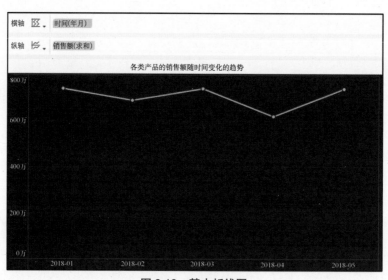

图 3.18 基本折线图

（3）因为需要查看不同类型产品的销售额变化趋势，我们用颜色来映射产品的类型，所以将"产品类型"字段拖放到"图表属性"中的"颜色"标记上，就生成了不同类型产品销售额随时间变化的折线图，如图 3.19 所示。

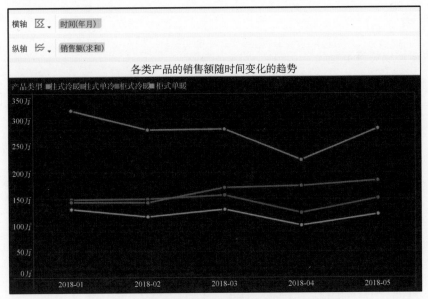

图 3.19　不同类型产品销售额随时间变化的折线图

在图 3.19 中，我们看到挂式冷暖空调销售额是最高的。但自 1 月份开始到 4 月份，销售额下滑最为明显，4 月份到达最低点。从 4 月份开始各类空调的销售都出现上涨趋势，其中挂式冷暖空调的上涨也是最为明显的。

【归纳总结】

任务 3.1.1 中我们用条形图分析了各品牌销售量数据的对比情况，由于品牌数量比较多，通过排序操作，可以一目了然地看到销售量前几名的品牌和最后几名的品牌。

任务 3.1.2 我们用柱形图分析了各月销售额和利润情况。我们能看到每个月销售额与利润数据的对比情况，也能看到销售额或利润最高的月份。

任务 3.1.3 用曲线图分析了各类产品销售额随时间变化的趋势。多条曲线通过颜色区分为不同的类别，曲线的走向表示销售额未来可能的变化趋势。

因此，数据比较关系可视化，可以基于数据分类对比选择条形图、柱形图。另外，数据比较关系可视化也可以基于时间周期进行数据对比，选择曲线图等进行表示。

 ## 任务 3.2　数据构成关系可视化

【任务描述】

针对 2018 年 1～5 月中国空调销售的数据，现在需要分析各类产品的销售及销量的占比情况，具体如下：

（1）各类产品销售额占比情况。

（2）各级市场各类产品的销量占比情况。

【知识准备】

1. 数据构成关系可视化

数据构成关系反映的就是某类数据占总体的情况，可以用饼图等表示静态的数据构成关系。对于随时间变化的数据构成关系可以通过堆积柱形图或堆积面积图表来表示，如图 3.20 所示。

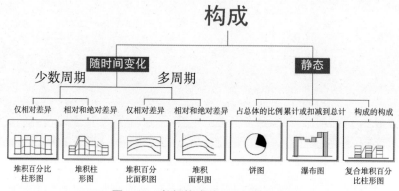

图 3.20　数据构成关系可视化图表

2. 数据构成关系可视化图表

（1）饼图、环形图和玫瑰图表示静态的数据构成关系

饼图是一个划分为几个扇形的圆形统计图表，每个扇形的大小，表示该种类占总体的比例。饼图最显著的功能在于表现"占比"，如图 3.21 所示。环形图属于饼图的一种可视化变形，也是常见的图形之一，和饼图一样都用扇形的大小表示各类数据的占比，显示了各个部分与整体之间的关系，如图 3.22 所示。玫瑰图也能够表示数据的占比情况，它主要用扇形的半径和角度两个指标来表示各类数据占总数据的比例。

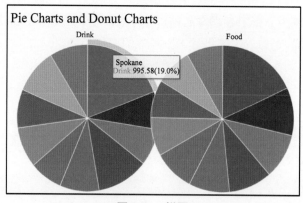

图 3.21　饼图

（2）用堆积柱形图、堆积面积图表示数据的构成情况。堆积柱形图就是用条形上不同颜色表示不同的类别，用柱形的高低表示各类数据占比的大小如图 3.23 所示。堆积面积图反映的也是一样的映射关系，和堆积柱形图一样都可以表示数据的构成关系，如图 3.24 所示。

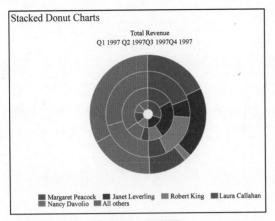

图 3.22　环形图

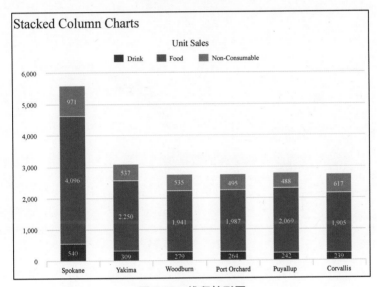

图 3.23　堆积柱形图

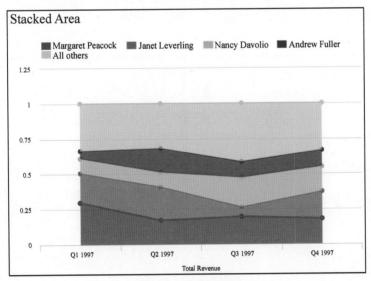

图 3.24　堆积面积图

【任务实施】

各类产品销售
额占比情况视
频讲解

任务 3.2.1　各类产品销售额占比情况

（1）在"图形属性"中设置"图表类型"为"饼图"。

（2）将"维度"窗口中的"产品类别"字段拖放到"图形属性"中的"颜色"标记，将"指标"窗口中的"销售额"字段拖放到"图形属性"中的"角度"标记。

（3）为了增加图表的可读性，将"产品"类别字段和"销售额"字段拖放到"图形属性"中的"标签"标记，如图 3.25 所示。

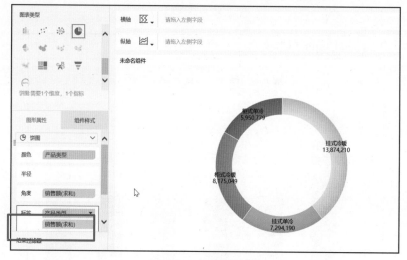

图 3.25　基本环形图

（4）将"标签"中的"销售额（求和）"设置为百分比值。单击"图形属性"→"标签"中的"销售额（求和）"标签边的小三角，选择"快速计算（无）"→"当前指标百分比"，并单击"标签"，在弹出的"显示标签"对话框中，如图 3.26 所示，将"标签位置"设置为"居外"。

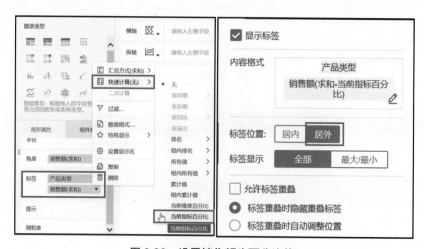

图 3.26　设置销售额为百分比值

（5）通过设置"图形属性"→"半径"的"内径占比"设置为0%，饼图就生成好了，如图3.27所示。

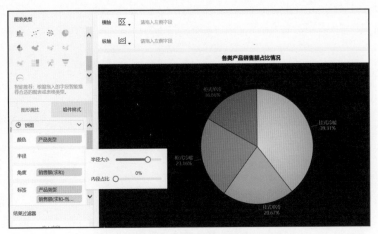

图 3.27 表示各类产品销售额占比的饼图

这里，也可以用玫瑰图表示各类产品销售额占比情况。由于绘制玫瑰图需要一个维度和两个不同的指标来构建，在图3.27中，一个维度已具备，为"颜色"中的"产品类型"。两个指标也已具备，为"角度"中的"销售额（求和）"，以及"标签"中的"销售额（求和-当前指标百分比）"，因此可以直接转换成玫瑰图。

（6）在"图表类型"中，单击智能推荐的"玫瑰图"图标，则饼图转换成玫瑰图。

（7）优化图表。调节"半径"大小，将"产品类型"和"销售额"字段拖放到"标签"标记，并对"销售额（求和）"求百分占比，设置标签"居外"显示。最后，设置图形组件，效果如图3.28所示。

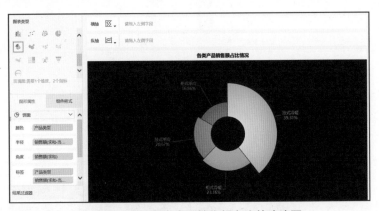

图 3.28 表示各类产品销售额占比的玫瑰图

在图3.28中，我们可以看到挂式冷暖空调是各类空调中销售额最高的，其余三种空调类型的销售额趋于一致。

任务 3.2.2 各级市场各类产品的销量占比情况

（1）将"维度"窗口中"分级市场"字段拖放到"横轴"，将"指标"窗口中的"销售量"字段拖放到"纵轴"，生成基本的柱形图，如

各级市场各类产品
的销量占比情况视
频讲解

图 3.29 所示。

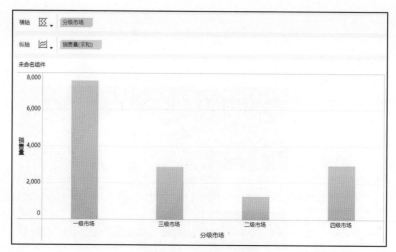

图 3.29　基本柱形图

（2）将"维度"窗口中的"产品类型"字段拖放到"图形属性"→"颜色"标记，则柱形按颜色进行了商品分类，如图 3.30 所示。

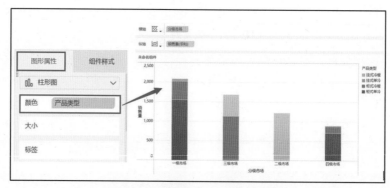

图 3.30　按颜色进行产品类型分类

（3）通过单击"纵轴"中"销售量（求和）"字段边的小三角，在弹出的菜单中选择"开启堆积"命令，则按每类销量占比映射柱形的高度。最后设置图表的标题、图例、背景、轴标题等样式，效果如图 3.31 所示。

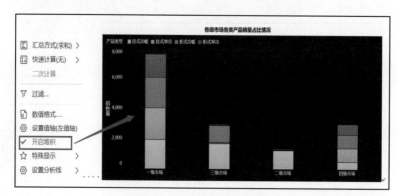

图 3.31　生成堆积柱形图

在图 3.31 中，我们看到一级市场空调的销售量最高，销售量最低的是二级市场。在各级市场中，一级市场和四级市场各类空调的销售量占比趋于平均，三级市场以柜式冷暖和挂式冷暖空调为主，而二级市场空调的销售量主要集中在挂式冷暖空调。

各月各类产品
销量占比情况
视频讲解

任务 3.2.3 各月各类产品销量占比情况

（1）将"维度"窗口中的"时间"字段拖放到"横轴"，将"指标"窗口中的"销售量"字段拖放到"纵轴"。单击"横轴"中的"时间"字段旁边的小三角，在弹出的菜单中选择"年月"时间格式，如图 3.32 所示。

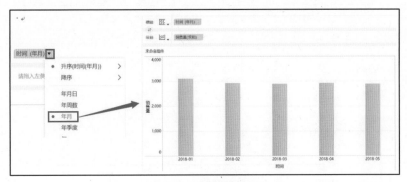

图 3.32 设置时间格式

（2）将"图形属性"中默认的"柱形图"标记改为"面积"，如图 3.33 所示。

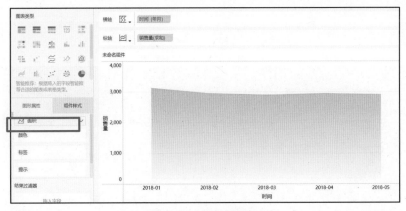

图 3.33 基本面积图

（3）将"维度"窗口中的"产品类型"字段拖放到"图形属性"→"颜色"标记中，如图 3.34 所示。

（4）单击"纵轴"中"销售量"字段旁边的小三角，在弹出的菜单中选择"开启堆积"命令，则创建了堆积面积图，如图 3.35 所示。

（5）在"组件样式"中设置图表背景色为"黑色"，再设置图表标题、轴线，轴标题等，最终效果如图 3.36 所示。

在图 3.36 中我们看到各月各类产品的销售量占比情况，其中挂式冷暖空调在每个月的销售量中都占了最大的比例，柜式单冷空调占最小的比例。

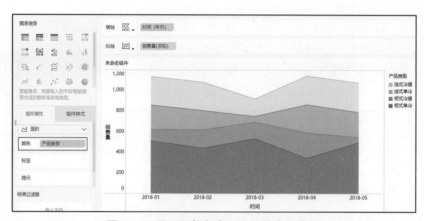

图 3.34　用不同颜色表示不同的产品类型

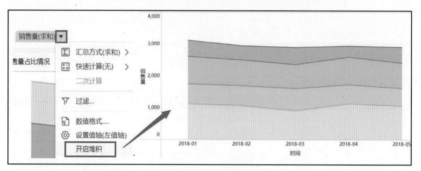

图 3.35　开启堆积

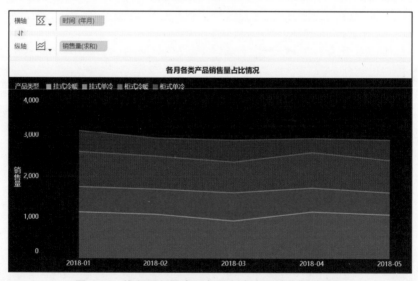

图 3.36　堆积面积图表示各月各类产品销售量的情况

【归纳总结】

在任务 3.2.1 中，我们用饼图和玫瑰图分析了各类产品销售额的占比情况，用堆积柱形图分析了各类产品销售额占比情况。在任务 3.2.2 中用堆积柱形图表示了各级市场各类产品的销售量情况。任务 3.2.3 中用堆积面积图表示了每月各类产品销售量占比情况。

因此，用于表示数据构成关系的图表，可以有饼图、环形图、玫瑰图，以及堆积柱形图、堆积面积图等。饼图、环形图、玫瑰图适合表示数据静态构成的情况，当数据构成随时间动态变化时，可以用堆积柱形图或堆积面积图来表示。

 # 任务 3.3　数据联系和分布可视化

【任务描述】

针对 2018 年 1～5 月中国空调销售的数据，现在需要对下面的情况进行分析：
（1）产品价格与销量间的关系。
（2）各类产品在各价格段的销售量分布情况。
（3）销量前 10 的品牌及其利润关系。

【知识准备】

1. 数据的联系和分布

数据的联系主要是分析数据中各个变量之间的关系，比如散点图主要是分析因变量随自变量而变化的大致趋势，由此趋势可以选择合适的函数进行经验分布的拟合，如线性关系、指数关系、对数关系等。数据的分布主要是分析数据分布的规律，比如正态式分布、线性分布。数据的分布和联系可视化图表如图 3.37 所示。

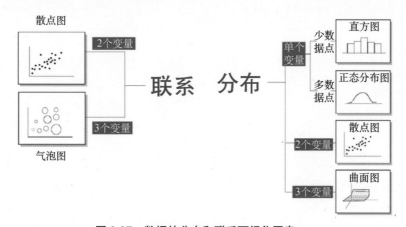

图 3.37　数据的分布和联系可视化图表

2. 表示数据联系和分布的可视化图表

表示数据联系的可视化图表有气泡图和散点图。其中散点图表示数据中两个变量之间的联系，如图 3.38 所示，而气泡图可以表示三个变量之间的联系，如图 3.39 所示。散点图是指在数理统计回归分析中，数据点在直角坐标系平面上的分布图，散点图核心的价值在于发现变量之间的关系。

同时，散点图可以用于表示数据的分布。另外直方图也非常适合表示数据的分布情况。

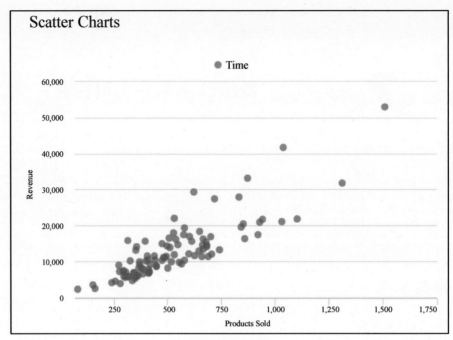

图 3.38 散点图

由于散点图一般研究的是两个变量之间的关系。因此，气泡图就是在散点图的基础上增加变量，提供更加丰富的信息，点的大小或者颜色可以定义为第三个变量。所示气泡图可以看作是散点图的变形。气泡图通常用于展示和比较数据之间的关系与分布，一般用颜色映射类型，用圆圈大小映射数值。

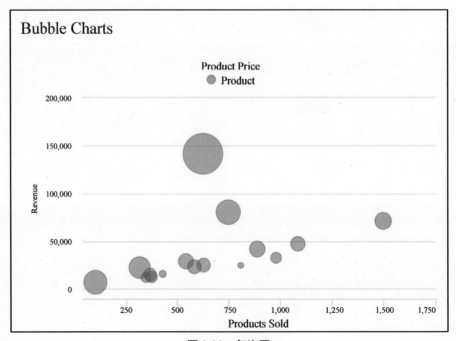

图 3.39 气泡图

【任务实施】

任务 3.3.1　产品价格与销售量的关系

在本任务中，需要分析产品的价格与销售量这两个变量之间的关系，可以用散点图来表示。

产品价格与销售量的关系视频讲解

（1）将"维度"窗口中的"价格段"字段拖放到"横轴"，将"指标"窗口中的"销售量（求和）"字段拖放到"纵轴"，此时生成默认的柱形图。

（2）然后在"图表类型"中选择"散点图"，则生成价格与变量关系的散点图，如图 3.40 所示。

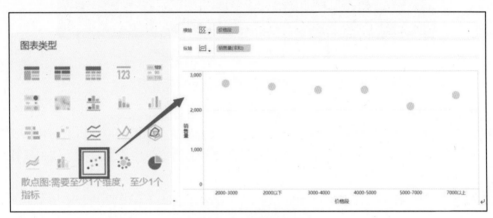

图 3.40　基本散点图

（3）为了分析价格与销售量的关系，我们为图表添加一条分析线，分析销售量随价格变化的趋势。单击"纵轴"的"销售量"字段旁边的小三角，在弹出的菜单中选择"设置分析线"→"趋势线（横向）"命令，在打开的对话框中设置"趋势线"的"拟合方式"为"指数拟合"，如图 3.41 所示。

图 3.41　添加趋势线

（4）最后设置标题、背景、轴线等组件样式，最终效果如图 3.42 所示。

从图 3.42 中可以看到，随着价格的上涨，产品销售量在逐步降低，其中 4000 元至 5000 元价格段和 7000 元以上的价格，销售量高于拟合线。而 5000 元至 7000 元价格段销售量低于拟合线。

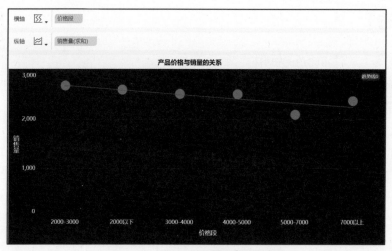

图 3.42 价格和销售量关系散点图

任务 3.3.2 各类产品在各价格段的销售量分布情况

在该问题中，需要分析各类产品在各价格段的销售量分布情况，我们依然可以用散点图来表示。此时，我们只需要在图 3.42 基础上，增加各类产品的情况分析就可以了。

（1）在图 3.42 基础上，将"维度"窗口中的"产品类型"字段拖放到"图形属性"→"颜色"标记中。

（2）在"组件样式"中修改图表标题、背景等属性，最终效果如图 3.43 所示。

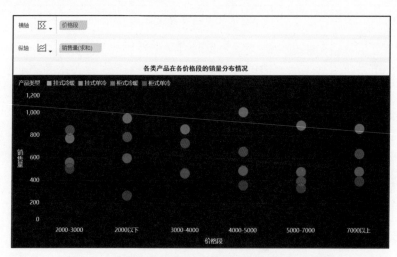

图 3.43 表示各价格段各类产品销售量分布的散点图

在图 3.43 中，我们看到价格段 2000 元至 3000 元的各类产品销售量总体高于其他价格段。挂式冷暖空调在各价格段销售量都位于前列，而柜式单冷空调在各价格段的销售量表现都不佳。

任务 3.3.3 销售量前 10 的品牌分布其及利润关系

在该任务中，需要分析销售量前 10 的品牌分布及利润关系，涉及到销售量、品牌及利润三个变量，因此我们选择气泡图来表示这三者数据间

销售量前 10 的品牌分布其及利润关系视频讲解

的联系。

（1）将"维度"窗口中的"品牌"字段拖放到"横轴"，将"指标"窗口中的"销售量"字段拖放到"纵轴"。单击"纵轴"中的"销售量（求和）"字段旁边的小三角，在弹出的菜单中选择"过滤"命令，为"销售量（求和）"添加过滤条件，如图 3.44 所示，从而生成销售量前 10 的品牌柱形图，如图 3.45 所示。

图 3.44　为销售量添加过滤条件

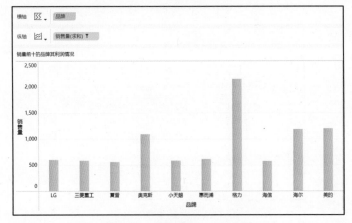

图 3.45　销售量前 10 的品牌

（2）在"图表类型"中选择"气泡图"，如图 3.46 所示，然后呈现表示销售量前 10 的气泡图，如图 3.47 所示。

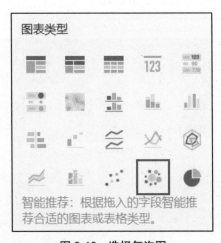

图 3.46　选择气泡图

（3）用气泡的颜色深浅来映射利润的大小。将"指标"窗口中的"利润"字段拖放到"图形属性"→"颜色"标记，并设置颜色"渐变方案"为"炫彩"，如图 3.48 所示。

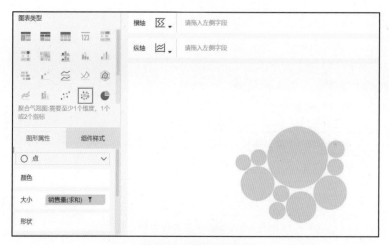

图 3.47　基本气泡图

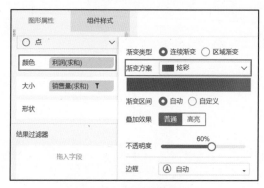

图 3.48　设置颜色方案

（4）为了增加图表可读性，将"维度"窗口中的"品牌"字段和"指标"窗口中的"利润"字段拖放到"图形属性"→"标签"标记。最后在"组件样式"中设置图表的标题、背景、图例等，最终效果如图 3.49 所示。

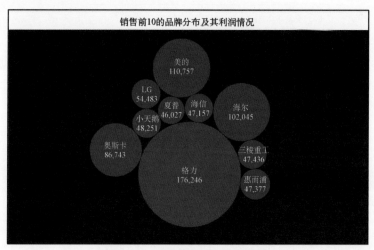

图 3.49　销售量前 10 的气泡图

从图 3.49 中看到，销售量排名前 10 的品牌有格力、美的、奥克斯、海尔、LG、小天鹅、海信、三菱重工、惠而浦、夏普。其中格力利润最高，美的、奥克斯和海尔的利润比较接近。

【归纳总结】

在本项目中，任务 3.1 使用散点图表示了产品价格与销售量两个变量间的关系。任务 3.2 使用散点图表示各类产品在各价格段的销售量分布情况。任务 3.3 使用气泡图表示销售量前 10 的品牌分布其及利润关系。通过这几个任务的学习，当需要分析数据的联系时，如果是两个变量之间的关系，可以用散点图来表示，如果是三个变量，则可以用气泡图表示。当需要分析数据的分布时，散点图是非常好的选择，一般用于表示数据分布的趋势。直方图也可以表示数据的分布，但一般用于数值数据分布的精确统计。

 # 任务 3.4　空间数据可视化

【任务描述】

针对 2018 年 1～5 月中国空调销售的数据，现在需要对下面的情况进行分析：

（1）各地区空调销售量情况。

（2）各地区空调利润情况。

【知识准备】

1. 与地理位置相关的数据表示

数据地图是可视化数据的强大方式。当我们面对的数据包含空间位置和地理信息，或者业务要求按空间位置和地理信息分析数据时，这就涉及空间数据可视化问题。通过交互式空间数据可视化的方法，在地图上绘制数据帮助业务人员发现与数据相关的特点并诊断业务问题，普遍用于分析零售、物流、交通、粮食、能源、环保等领域。

很多场景中经常看到用在地图层上叠加与地理位置相关的数据，从而更好地展示与位置相关的数据的特征。我们将这样的可视化方式为数据地图。商业数据时代大量数据是与地理位置相关的，例如，各区域的销售额和利润数据等。用数据地图来反映这些信息比表格要直观形象，且更具交互性。

2. 常用的数据地图图表

填充地图即根据某个度量值，对图中不同区域用不同颜色进行填充所生成的数据地图。利用填充地图区域辨识率高这一特点可以一目了然看到各个地理区域的分布情况。

符号地图是在地图上标记信息的一种数据地图。符号地图适合显示各个位置的定量值。每个位置的定量值可以是一个或两个，一个用颜色进行编码，一个用大小进行编码。

流向地图是显示起点和一个或多个终点位置之间的路径的方法，通常用于表示数据流动的方向和路径。

【任务实施】

任务 3.4.1   各地区的空调销售量情况

在该任务中，需要分析各地区的空调销售量情况，由于销售量数据和地区相关，属于空间数据，可以用数据地图来表示，以及在地图层上叠加销售量数据，让用户可以一目了然地看到各地区的销量情况。本任务中，我们用填充地图来实现，用各地区面积颜色的深浅表示销售量的高低。

（1）将"维度"窗口中的"地区"文本字段转化为"地理角色"→"省/市/自治区"，如图 3.50 示，然后"维度"窗口中自动生成了"地区（经度）"字段和"地区（纬度）"字段。

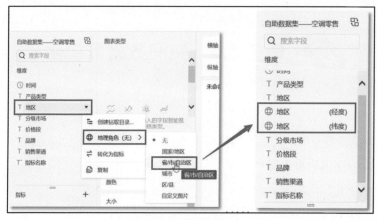

图 3.50   设置地理角色

（2）将"地区（经度）"字段拖放到"横轴"，将"地区（纬度）"字段拖放到"纵轴"，则会显示这些地区的填充地图。

（3）将"销售量"字段拖放到"图形属性"中的"颜色"标记，并设置地图配色方案，此时，销售量越高，颜色越深。

（4）为了增加图表的可读性，可以调整图表颜色，并将"销售量"字段拖放到"图形属性"中的"标签"标记，让用户可以一目了然地看到各省空调的销售量。

通过数据地图我们看到用地区的面积颜色的深浅表示销售量的高低。其中江苏省的空调销售量最高，其次是四川省。

任务 3.4.2   各地区空调产品利润的情况

在该任务中，需要分析各地区的空调利润情况，由于利润数据和地区相关，属于空间数据，可以用数据地图来表示。只需要在地图层上叠加利润数据，让用户可以一目了然地看到各地区的利润的情况。本任务中，我们用符号地图来实现，用符号的大小和颜色深浅表示利润的高低。

（1）依然将"地区"字段转化为地理角色，然后将"地区（经度）"字段拖放到"横轴"，将"地区（纬度）"字段拖放到"纵轴"，生成地图层，将"图形属性"中的"符号"改为"点"，生成基本的符号地图。

（2）为了用符号大小和颜色深浅映射销售量大小，将"销售量"字段拖放到"图形属性"中的"颜色"和"大小"，并调整颜色渐变方案为"炫彩"。此时圆圈的大小和颜色的深浅都代表销售量的高低。

（3）最后，为增加图表的可读性，将"地区"字段和"销售量"字段都拖放到"图形属性"中的"标签"标记，并设置标签格式。

完成该任务，我们看到用圆圈符号的大小和颜色的深浅表示各地区利润的大小。

【归纳总结】

在本任务中，我们用数据地图中的填充地图和符号地图来表示与地理位置相关的数据信息。填充地图是通过区域颜色的深浅映射数据的大小的。而符号地图是通过符号的大小，或符号颜色的深浅来映射数据的。数据地图都可以让用户直观地看到各指标数据与地理位置的关系。

在实际应用中，数据地图对商家来说是一种重要的经营决策分析工具。例如，某公司的销售部想要了解公司客户主要分布于全国的哪些地方，销售额和利润额主要集中在哪里。这时候数据地图可以很直观地展示出客户的分布区域及销售额和利润额集中的区域，帮助改变营销策略，对客户分布和利润集中的区域加大投放力度；对客户多但成交额不高的区域找出原因，调整经营策略。因此，数据地图对商家来说是一种重要的经营决策分析工具。当然，数据地图的应用场景不仅在商业领域，在气象分析、人口分布等很多领域都有广泛的应用。

能力拓展训练

【训练目标】

1. 能够根据数据比较、构成、联系、分布关系选择合适的图表进行可视化分析。
2. 能够对地理位置相关的空间数据运用数据地图进行可视化分析。
3. 能够根据图表呈现的信息挖掘潜在的数据价值。

【具体要求】

现有全国各地区 GDP、生产总值相关数据，数据源位于教材附赠资源"chapter3-2 GDP 数据.xlsx"。

目前需要针对这份数据源进行下面的可视化分析：

（1）2017 年各地区 GDP 目标和 GDP 增量对比情况。

（2）GDP 增速前 5 的省份有哪些。

（3）全国各省份生产总值的情况。

（4）北京市 2009 至 2017 年生产总值的变化趋势。

项目四　图表的 OLAP 分析

【能力目标】

1. 能够掌握图表钻取分析方法。
2. 能够掌握图表切片分析方法。
3. 能够掌握图表指标计算方法。
4. 能够掌握图表辅助分析方法。

业务人员和数据分析师在完成表格和基础图表的制作后，经常需要对图表做进一步的分析，尤其是 OLAP 分析。OLAP 分析即多维分析，核心是"维"，指模拟用户的多角度思考模式，从不同的维度、不同的粒度分析数据，包括钻取、切片/切块、旋转、切换维度等不同操作。通过 OLAP 分析，用户可以快速地从各个分析角度获取数据，也能动态地在各个角度之间切换或者进行多角度综合分析，具有极大的分析灵活性。从广义上讲，任何能够有助于辅助用户理解数据的技术或者操作都可以作为 OLAP 功能。

本项目通过能源化工数据分析任务介绍钻取、切片/切块、指标计算等一些常用的 OLAP 分析功能，熟悉和掌握这些高级数据操作方法是进行高级可视化分析的基础。

 任务 4.1　图表钻取分析

【任务描述】

针对能源化工产品的销售数据（见表 4.1），完成对每个项目的销售额及该项目下各产品的销售额分析。

表 4.1　化工产品销售数据

# 产量（...	# 含税出...	# 计划销量	# 利润	# 期末库存	# 售价	# 销量（万...	# 销售额	# 总利
22	489	17.6	21	9.39	510	12.61	6,429.06	
40	489	32	21	7.2	510	32.8	16,728	
24	489	19.2	21	9.89	510	14.11	7,197.12	
50	489	40	21	32.9	510	17.1	8,721	
28	489	22.4	21	9.52	510	18.48	9,424.8	
22	489	17.6	21	10.32	510	11.68	5,957.82	
18	489	14.4	21	6.53	510	11.47	5,847.66	
40	489	32	21	8.76	510	31.24	15,932.4	
43	489	34.4	21	21.24	510	21.76	11,096.58	
48	489	38.4	21	28.94	510	19.06	9,718.56	

【知识准备】

在利用可视化图表分析业务问题时，往往会先从宏观层面把握业务总体情况，再通过逐级向下钻取明细数据，定位到具体的问题，这种操作称为钻取。

钻取分析是数据分析中比较常用的分析方式。钻取可以改变维的层次、变换分析的粒度。例如对销售数据的分析，时间周期是一个维度，产品类别、分销渠道、地理分布、客户群类也分别是一个维度。时间维度又可分为年、月、周、日等不同粒度，地理分布又可分为国家、省、市等不同粒度。

钻取分析包括向下钻取（Drill-down）和向上钻取（Drill-up）。Drill-up 是在某一维上将低层次的细节数据概括到高层次的汇总数据，或者减少维数；而 Drill-down 则相反，它从汇总数据深入到细节数据，进行观察或增加新维。

【任务实施】

图表钻取分析
视频讲解

FineBI 通过创建钻取目录来实现数据的钻取，可通过两种方式来创建钻取目录：在"维度"字段的下拉菜单中选择"创建钻取目录"；在"维度"窗口中，将一个维度字段拖曳到另一个维度中，用以创建钻取目录。

（1）创建钻取目录。如图 4.1 所示，拖曳"产品"字段到"项目"，弹出"创建钻取目录"窗口，单击"确定"按钮，即生成"项目,产品"钻取目录。

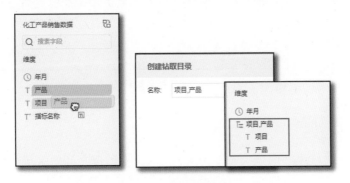

图 4.1　创建钻取目录

（2）使用钻取目录。"图表类型"选择"分组表"，将创建的"项目,产品"钻取目录拖放到"横轴"区域，将"销售额（求和）"字段拖曳至"纵轴"。此时单击某一项目后的钻取符号即出现"下钻"按钮，如图 4.2 所示。

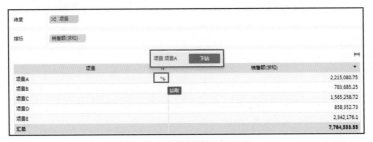

图 4.2　图表数据向下钻取

单击"下钻"按钮可实现数据向下钻取，查看到项目 A 下各产品的销售额明细，如图 4.3 所示。反之，单击"全部"按钮则可实现数据向上钻取。

图 4.3　图表数据向下钻取结果

另外，还可定义钻取顺序。如图 4.4 所示，FineBI 默认的固定钻取顺序是按照钻取目录中字段从上到下的顺序，如果想改变顺序，可以自由拖曳排列。

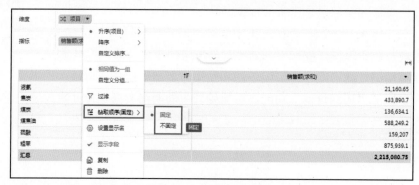

图 4.4　定义钻取顺序

【归纳总结】

钻取目录是一种维度之间自上而下的组织形式，对维度之间的重新组合有重要作用。

任务 4.1 中针对项目、产品两个字段创建了"项目,产品"钻取目录，通过该钻取目录，可以向下钻取查看每个项目中每个产品的销售明细数据，也可以从细节数据向上钻取到各项目的汇总数据。可见，钻取可以改变维的层次，变换分析的粒度，具有极大的分析灵活性。

 # 任务 4.2　图表切片分析

【任务描述】

针对能源化工产品的销售数据（见表 4.1），完成以下分析任务：

（1）各项目产品销售目标达成情况。

（2）各项目产品销售量及销售目标达成情况。

（3）各项目产品利润额排名情况。

【知识准备】

在分析数据时，有时候需要聚焦所关心的数据，此时可将无关的数据进行隐藏。例如，一组上万行的销售记录，可能只想要前 10 个值，那么就可以使用过滤功能实现切片分析。在多维数据结构中，每次沿其中的一维进行分割的操作称为分片，每次沿多维进行的分片操作称为分块。切片/切块功能用于在图表中快速调整维度/指标的过滤条件，达到聚焦分析的目的。

过滤是从结果集中删除特定值的过程。FineBI 的图表过滤有多种方式，包括：按字段过滤、结果过滤器、指标明细过滤、表头过滤。

（1）按字段过滤：分为条件过滤和公式过滤两种。条件过滤支持选择当前维度和已拖曳的指标字段进行过滤，维度字段和指标字段可选的具体过滤条件存在不同。公式过滤只支持选择已拖曳的数值字段作为公式条件，并且支持函数计算。

（2）结果过滤器：适用于不希望字段显示在图表、表格中，但是需要设置该字段为过滤条件的场景。结果过滤器在"表格属性"或"图形属性"面板的最下方，可拖入任何想要过滤的字段，也可以在结果过滤器中拖入多个字段来设置多个过滤条件。

（3）指标明细过滤：除了按字段过滤和结果过滤器，用户还可以在"指标"窗口中通过选择指标字段的"明细过滤"功能，对原始表中的明细数据进行过滤。指标明细过滤仅针对指标字段，过滤形式同样包括"添加条件"和"添加公式"两种。

（4）表头过滤：在表格中的列表头处也可以设置表格的过滤条件。"维度"字段过滤设置包含"添加条件"和"添加公式"，"指标"字段过滤设置只包含"添加条件"，具体设置方式与其他过滤方式相同，此处不再赘述。

【任务实施】

任务 4.2.1 各项目产品销售目标达成情况

各项目产品销售目标达成情况视频讲解

（1）在仪表板中添加"组件"，连接"化工产品销售数据"，由于在原始数据中不存在目标达成率这一指标，因此需要新增这一计算指标。在"指标"区域新增计算指标：目标达成率，其计算公式为：SUM_AGG（销量）/SUM_AGG（计划销量），数值格式修改为百分比。

（2）在"图表类型"中选择"分组表"，从"维度"窗口中将"项目"和"产品"字段拖曳到"维度"区域，将 "计划销量（求和）""销量（万吨）（求和）""目标达成率（聚合）"字段拖曳到"指标"区域。

最后，展开行表头节点，得到所有项目及其产品的销售目标达成情况，结果如图 4.5 所示。

（3）在图 4.5 中，如果我们希望重点关注目标达成率在 70% 以下的项目产品，则可以单击"指标"区域中"目标达成率（聚合）"右侧的下拉按钮，选择"过滤"命令，如图 4.6 所示。

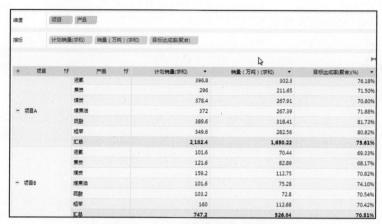

图 4.5　项目-产品销售量分组表

图 4.6　按字段过滤

（4）编辑过滤条件如图 4.7 所示，结果如图 4.8 所示，可见项目 B 中液氨、焦炭的销售目标达成率（聚合）不及 70%。

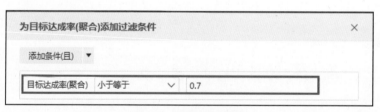

图 4.7　编辑过滤条件

+	项目	↑↓	产品	↑↓	计划销量(求和)	销量（万吨）(求和)	目标达成率(聚合)(%)	▼
−	项目B		液氨		101.6	70.44	69.33%	
			焦炭		121.6	82.89	68.17%	
			汇总		223.2	153.34	68.70%	

图 4.8　按条件过滤结果

任务 4.2.2　各项目产品销售量及销售目标达成情况

任务 4.2.1 中分析了目标达成率在 70% 以下的产品，若希望显示销售量在 300 万吨以上同时目标达成率在 70% 以上的项目产品，则可通过对销售量和目标达成率两个维度进行筛选来实现。

（1）单击"指标"区域中"产品"字段右侧的下拉按钮，选择"过滤"命令，如图 4.9 所示，选择"添加公式"。

各项目产品销售量及销售目标达成情况视频讲解

图 4.9　添加公式

（2）由于需要同时满足两个过滤条件，可选择"AND"函数编辑过滤公式，编辑过滤公式如图 4.10 所示。

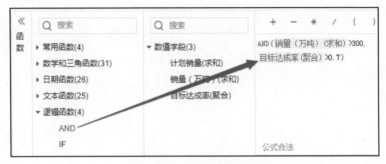

图 4.10　编辑过滤公式

确定后最终结果如图 4.11 所示，可知项目 A 中的硫酸和液氨两个项目都达到了要求。

+	项目	↑↓	产品	↑↓	计划销量(求和) ▼	销量（万吨）(求和) ▼	目标达成率(聚合)(%) ▼
			液氨		396.8	302.3	76.18%
−	项目A		硫酸		389.6	318.41	81.73%
			汇总		**786.4**	**620.71**	**78.93%**

图 4.11　按公式过滤结果

任务 4.2.3　各项目产品利润额情况

若想在项目–产品销售分组表（见图 4.5）的基础上过滤出利润额前 3 位的产品数据，但是不希望将该字段显示在表格中，此时我们可以将指标"利润"拖曳到"结果过滤器"，并添加过滤条件，如图 4.12、图 4.13 所示。

各项目产品利润额情况视频讲解

结果如图 4.14 所示，表中仅显示利润额排前 3 的项目及产品。

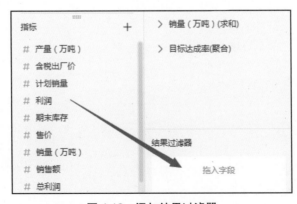

图 4.12　添加结果过滤器

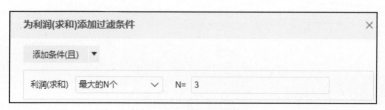

图 4.13 设置过滤条件

+	项目	↑↓	产品	↑↓	计划销量(求和) ▼	销量（万吨）(求和) ▼	目标达成率(聚合)(%) ▼
−	项目A		煤焦油		372	267.39	71.88%
−	项目C		煤焦油		259.2	191.65	73.94%
−	项目E		煤焦油		372	296.19	79.62%
汇总					1,003.2	755.22	75.28%

图 4.14 使用结果过滤器的结果

【归纳总结】

任务 4.2.1 通过对"目标达成率"低于 70% 的数据进行筛选，发现项目 B 中液氨、焦炭的销售目标达成率不及 70%，落后于其他项目及产品。

任务 4.2.2 通过对"目标达成率""销售量"两个维度进行分析，可知仅项目 A 中的硫酸和液氨两个产品指标都达到了要求。

任务 4.2.3 通过结果过滤器，对利润额前 3 的产品进行了分析，发现煤焦油是利润额相当高的产品。

在分析数据时，如果需要聚焦所关心的数据，可通过切片/切块分析方法快速调整维度/指标的过滤条件，将无关的数据进行隐藏，达到聚焦分析的目的。

 # 任务 4.3 图表指标计算

【任务描述】

针对能源化工产品的销售数据（见表 4.1），完成以下分析任务：
（1）各化工产品利润率情况。
（2）各化工产品产量分布情况。
（3）各月化工产品销量排名情况。

【知识准备】

在制作可视化图表的过程中，如果数据源中不包含分析所需的字段，可以通过指标计算来辅助分析数据。

FineBI 在可视化组件工作区提供了指标计算功能，包括添加计算指标、更改指标汇总方式、快速计算、二次计算四类操作。

1. 添加计算指标

计算指标是根据已存在的数据源字段使用函数和运算符构造公式来定义的新字段。

FineBI 支持添加计算指标来实现对已存在的指标项进行再计算得到新的计算指标，计算方式包括公式、排名、累计值、同期值、环期值、同期比、环期比等，通过计算得来的指标项可以用于展示或分析。

在添加计算指标时，需要注意明细表达式和聚合表达式的区别，尤其是有维度分组的情况。明细表达式先计算后汇总，聚合表达式先汇总后计算。

2. 更改指标汇总方式

在表格组件中，只有分组表和交叉表支持汇总功能。针对计算指标的汇总方式为，先按照计算指标字段设置的汇总方式对指标进行汇总；然后按照计算指标设置的公式进行计算。指标汇总方式包括求和、求平均、求中位数、求最大值、求最小值、求标准差、求方差，默认的汇总方式均为求和，如图 4.15 所示。

图 4.15　汇总方式

求和：统计的是按照维度字段进行分组后的指标求和数值。如图 4.15 中的"销售额（求和）"字段统计了不同商品的销售额总和。

求平均：为按照维度字段分组后的指标求平均。比如为图 4.15 中的"销售额（求和）"字段勾选"汇总方式（求和）"为"求平均"以后，将统计不同商品销售额均值。

求中位数：为取按照维度字段分组后的指标所有数值高低排序后正中间的一个数。比如为图 4.15 中的"销售额（求和）"字段勾选"汇总方式（求和）"为"求中位数"以后，将统计不同商品销售额排在正中间的数值。

求最大值：为取按照维度字段分组后的指标所有数值中最大的一个数值。比如为图 4.15 中的"销售额（求和）"字段勾选"汇总方式（求和）"为"求最大值"以后，将统计不同商品销售额的最大值。

求最小值：为取按照维度字段分组后的指标所有数值中最小的一个数值。比如为图 4.15 中的"销售额（求和）"字段勾选"汇总方式（求和）"为"求最小值"以后，将统计不同商品销售额的最小值。

求标准差：为取按照维度字段分组后的指标方差值的算术平方根。比如为图 4.15 中的"销售额（求和）"字段勾选"汇总方式（求和）"为"求标准差"以后，将统计不同商品销售额方差值的算术平方根。

求方差：为取按照维度字段分组后的指标每个值跟所有值的平均数之差的平方值的平均数。比如，为图 4.15 中的"销售额（求和）"字段勾选"汇总方式（求和）"为"求方差"以后，将统计不同商品销售额每个数值和所有值平均数之差的平放值的平均数。

3. 快速计算

在进行数据的对比或趋势分析时，经常需要计算同期、同比、环期、环比等指标来判断数据的变化幅度。为方便用户处理计算数据，FineBI 提供了对指标字段的快速计算功能。对于分组表和交叉表中的指标字段，FineBI 提供的计算方式有求同期、求环期、求同比、求环比、排名、组内排名、所有值、组内所有值、累计值、组内累计值、当前维度百分比、当前指标百分比，如图 4.16 所示。

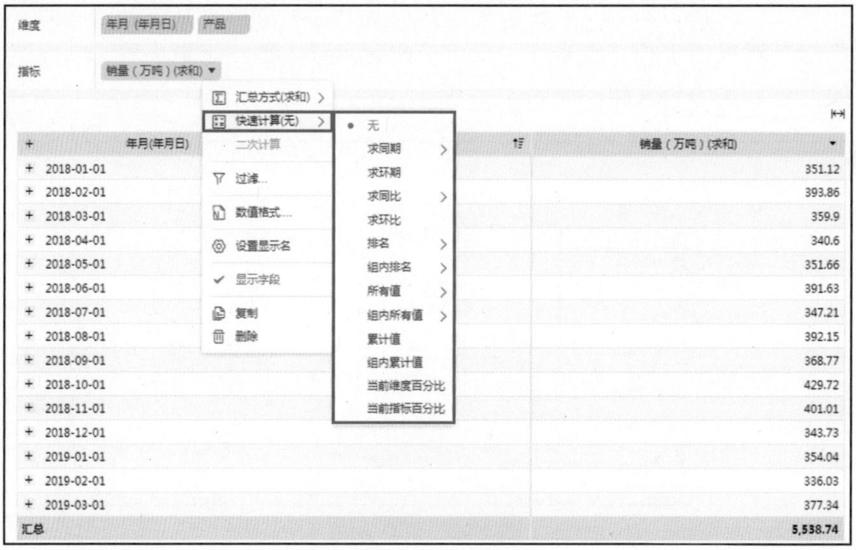

图 4.16　快速计算

求同期：为计算上一时间维度中当前时间点的数据值。在"维度"拖入的"时间"字段为年月日、年周数、年月、年季度时，"指标"字段下拉菜单中选择"快速计算（无）"→"求同期"才可以单击，且可选择的同期时间维度根据"时间"字段的不同维度显示也不一样。比如，"维度"中拖入的为"年月（年月日）"维度，则"指标"中"求同期"可选的维度为"年""月""周"，分别表示在其他维度都一样的情况下，取上一年中对应该日的值；在其他维度都一样的情况下，取上一月中对应的该日的值；在其他维度都一样的情况下，取上一周中对应该日的值。

求环期：表示求相对于当前时间粒度的前一周期的值。比如，当前时间粒度为年月日，"求环期"表示求当前年月日的前一天的值；当前时间粒度为年月，则"求环期"表示求当前年月的前一月的值。与"求同期"一致，"求环期"也需要有年粒度的时间维度才能计算，即在"维度"拖入的"时间"维度为年月日、年周数、年月、年季度、年时，"指标"字段下拉菜单中的"快速计算（无）"→"求环期"才可以单击。

求同比：为计算当前时间数据值与上一时间维度该时间数据值的百分比减去 1，"求同比"与"求同期"类似，在"维度"拖入的"时间"字段为年月日、年周数、年月、年季度时，"指标"字段下拉菜单中的"快速计算（无）"→"求同比"才可以单击，且可选择的同比时间维度根据"时间"字段的不同维度显示也不一样。

求环比：为计算当前时间数据值与相对于当前时间粒度的前一周期的数据值的百分比减去 1，与"求环期"类似，"求环比"也需要有年粒度的时间维度才能计算，即在"维度"拖入的时间维度为年月日、年周数、年月、年季度、年时，"指标"字段下拉菜单中的"快速计算（无）"→"求环比"才可以单击。

求排名：为计算当前指标数值在维度下的排名顺序，有升序排名和降序排名两种排名顺序。升序排名即按照指标数值从小到大的顺序，排名从 1 到 N；降序排名则按照指标数值从大到小的顺序，排名从 N 到 1。

组内排名：为计算当前指标数值在分组内的排名顺序，同样有升序排名和降序排名两种排名顺序。升序排名即按照指标数值组内从小到大的顺序，排名从 1 到 N；降序排名则按照指标数值组内从大到小的顺序，排名从 N 到 1。

所有值：为对该指标的所有值进行计算，包括求和、求平均、求最大值、求最小值。若选择对所有值进行计算，则该指标所有维度内显示的值都相同，都为计算的结果。

组内所有值：为对该指标在分组内的所有值进行计算，包括求和、求平均、求最大值、求最小值。若选择对组内所有值进行计算，则该指标组内显示的值都相同，都为该组的所有数据计算的结果。

累计值：为对该指标所有值的累计统计结果，从上至下依次累加指标值。

组内累计值：为对该指标组内所有值的累计统计结果，在组内从上至下依次累加指标值。

当前维度百分比：为当前细粒度数据占该维度所有细粒度数据和的百分比，表示单个值占当前所在维度下总值的比例。

当前指标百分比：为当前细粒度数据占该指标内所有维度的细粒度数据和的百分比，表示单个值占指标总值的百分比。

4. 二次计算

针对不同的快速计算方式，FineBI 可提供的二次计算方式也不一样。对于快速计算中的所有值、组内所有值、累计值、组内累计值、排名、组内排名这些计算方式，默认开启指标的二次计算。它表示在维度中设置了过滤条件以后，该指标将针对过滤结果进行再次计算。即二次计算功能是快速计算的补充，提供了针对维度过滤结果进行再次计算。

【任务实施】

任务 4.3.1　各化工产品利润率情况

各化工产品
利润率情况
视频讲解

数据源"化工产品销售数据"中含有"销售额"和"利润"字段，但没有"利润率"字段。如果需要分析产品的利润率，可以使用"销售额"和"利润"字段创建名为"利润率"的计算指标来予以实现。

（1）在仪表板中添加"组件"，连接数据源"化工产品销售数据"。

（2）单击"指标"窗口右侧的"+"按钮，弹出"指标计算"窗口，通过选取函数、选择字段、选择运算符号等操作创建新指标。为了做对比，分别创建"利润率（明细）""利润率（聚合）"两个计算指标，如图 4.17、图 4.18 所示。

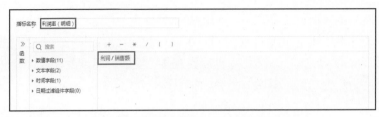

图 4.17　添加计算指标利润率（明细）

图 4.18　添加计算指标利润率（聚合）

（3）在"图表类型"区域单击选择"分组表"，将"产品""销售额""利润""利润率（明细）""利润率（聚合）"字段拖曳到【数据】区域，结果如图 4.19 所示。

产品	销售额(求和) ▼	利润(求和) ▼	利润率（明细）(求和)(%) ▼	利润率（聚合）(聚合)(%) ▼
液氨	63,319.2	1,770	468.18%	2.80%
焦炭	1,812,437.8	4,755	39.25%	0.26%
煤炭	469,151.55	2,385	75.02%	0.51%
煤焦油	2,057,497.2	10,755	63.79%	0.52%
硝酸	483,106.5	3,705	116.07%	0.77%
粗苯	2,879,041.3	8,160	50.26%	0.28%
汇总	7,764,553.55	31,530	812.57%	0.41%

图 4.19　计算指标的使用

从图 4.19 中可以看到，液氨的利润率（明细）大于 100%，与事实明显不符，而利润率（聚合）则符合实际情况。那么为什么会出现这样的结果呢？这是因为在 FineBI 中添加计算指标时，如果直接使用指标进行计算，则是对明细数据做除法计算后得到每一行数据的结果，再在分组表中对计算结果进行求和，而聚合函数的计算方式是先对当前维度的指标进行求和，再进行除法计算。

任务 4.3.2　各化工产品产量分布情况

产品产量分布情况可采用环形图来呈现，其中每种产品的占比表示该产品产量占总产量的百分比，因此可通过快速计算——当前指标百分比来获得。

各化工产品产量分布情况视频讲解

图 4.20　当前指标百分比

（1）选择图形为"饼图"，将"产品"维度拖入"颜色"标记，并选择"蓝色"配色方案。

（2）将"产量"分别拖入"角度"和"标签"标记，均选择"快速计算（当前指标百分比）"，如图 4.20 所示。

（3）选择"产量"标签，修改"数值方式"为"百分比"，"标签"位置为"居外"，结果如图 4.21 所示。

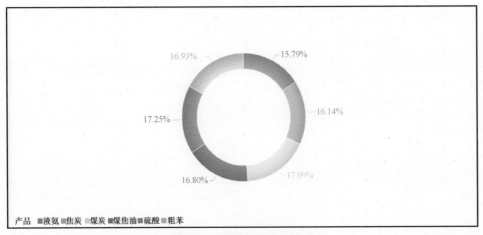

图 4.21　产品产量分布情况

表格组件中只有分组表和交叉表才有快速计算功能。图表组件和表格组件支持的快速计算方式相同，此处不再赘述。

任务 4.3.3　各月化工产品销量排名情况

可采用快速计算——排名来分析各月的销量排名情况。

（1）将"年月""产品"字段拖入"维度"区域，设置"时间"字段为"年月日"；将"销量"字段拖入"指标"区域，汇总方式选择"求和"。注意，此时快速计算方式为"无"，二次计算处于无法选择的状态。

各月化工产品
销量排名情况
视频讲解

（2）单击指标"销量"右侧的下拉按钮，选择"快速计算（无）"→"排名"→"降序排名"，即获得各月销量从高到低的排名，如图 4.22 所示。

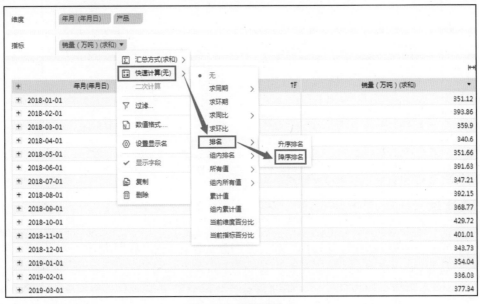

图 4.22　按降序排名

结果如图 4.23 所示，可知 2018 年 10 月销量最高，2019 年 2 月最低。

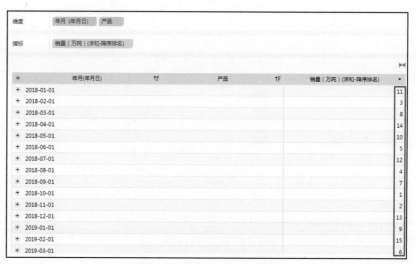

图 4.23　各月销量排名情况

当快速计算方式不为"无"时，"二次计算"默认的是勾选状态，此时会根据"维度"字段的过滤条件先过滤再计算，如图 4.24 所示。关闭"二次计算"则会忽略过滤条件，直接按照快速计算方式进行指标的计算。快速计算中的所有值、组内所有值、排名、组内排名的计算方式支持取消二次计算。

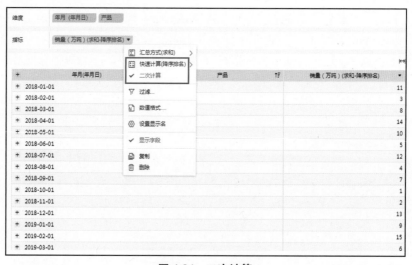

图 4.24　二次计算

【归纳总结】

任务 4.3.1 中通过添加计算指标"利润率"分析了各产品的利润情况，可以一目了然地看到各产品的利润率。

任务 4.3.2 中通过快速计算——当前指标百分比分析了每种产品的占比表示该产品产量占总产量的百分比。

任务 4.3.3 中通过快速计算——排名来分析各月的销量排名情况。

在制作可视化图表的过程中，可根据分析的需要，通过进行指标计算生成所需的数据来辅助分析。指标计算功能包括添加计算指标、更改指标汇总方式、快速计算、二次计算四类操作。需要注意的是，表格组件中，汇总方式、快速计算等操作仅分组表和交叉表支持。

 ## 任务 4.4　图表辅助分析

【任务描述】

针对各类产品产量完成数据（见表 4.2），完成以下分析：

（1）按照要求顺序展示项目、产品的生产情况。

（2）各类产品优等品率情况。

（3）重点关注优等品率排名前 3 和低于 60% 的产品。

表 4.2　产量完成情况部分数据

# 产量（万...	# 目标	# 单位生产...	# 优等品（万...	T 产品	T 项目	⏲ 年月
22	24.86	158	18.7	煤炭	项目A	2018-01-01 00:00:00
40	50.8	158	31.2	煤炭	项目A	2018-02-01 00:00:00
24	28.08	170	19.44	煤炭	项目A	2018-03-01 00:00:00
50	58	91	34.5	煤炭	项目A	2018-04-01 00:00:00
28	38.92	97	24.92	煤炭	项目A	2018-05-01 00:00:00
22	30.36	138	18.04	煤炭	项目A	2018-06-01 00:00:00
18	21.06	127	11.16	煤炭	项目A	2018-07-01 00:00:00
40	51.2	96	30.8	煤炭	项目A	2018-08-01 00:00:00
43	54.61	143	32.25	煤炭	项目A	2018-09-01 00:00:00
48	66.72	151	29.28	煤炭	项目A	2018-10-01 00:00:00

【知识准备】

1. 排序

在分析时，将杂乱无章的数据按照既定的顺序进行排列展示，有助于呈现清晰的结果，从而对数据有初步的了解。这种操作就是排序，它是数据分析中用得最多的功能之一。

例如，在分析销售前 10 名的商品时，可根据销量从高到低进行排序；在查看某种商品产量按月变化的过程时，则需要对月份进行排序。

FineBI 提供了多种排序方式，根据分析需要可以选择按照维度字段进行升序/降序排序或自定义排序，表格组件还支持表头排序。

按照"维度"字段排序：对于"维度"或"横轴"区域的"维度"字段，可直接选择按照所具有的维度字段或者当前选择的指标来排序。

自定义排序：即根据需要，将某个字段直接拖曳到所想放置的位置。

表头排序：在表格组件中，可在列表头处设置排序，"维度"字段支持组内升序/组内降序，"指标"字段支持升序、降序和不排序。

2. 分析线

FineBI 还提供了图表分析线来辅助分析数据，分为警戒线和趋势线两种。警戒线用于在图表中对指标的某些数值做出预警，例如，低于均值的销售额；趋势线用于对图表中的变化做出拟合的走势线，能直观看出变化趋势。其中，趋势线又提供了"指数拟合""线性拟合""对数拟合""多项式拟合"四种拟合方式，用户可根据数据走势进行选择。

3. 特殊显示

除了常规的 OLAP 分析操作，在 FineBI 的图表中，还可以将一些满足特定条件的数据设置为突出显示效果，帮助用户分析数据。对于"纵轴"区域的指标字段，都可以单击下拉按钮进行特殊显示设置，包括注释、闪烁动画和图片填充三种。

注释支持所有图表类型，指的是用户对某些特殊点做的批注。闪烁动画支持所有的图表类型，可设置闪烁动画的条件和时间周期。图片填充仅支持柱形图，其余图表类型不可设置。设置图片填充后，符合条件的柱子将以对应的图片填充。

【任务实施】

各项目产品产量完成情况视频讲解

任务 4.4.1　按照要求顺序展示项目、产品的生产情况

（1）在仪表板中添加"组件"，连接数据源"各类产品产量完成情况"。

（2）从"维度"窗口中将"项目""产品"字段拖曳到"纵轴"，从"指标"窗口中将"产量"字段拖曳到"横轴"，此时自动生成"柱形图"，结果如图 4.25 所示。

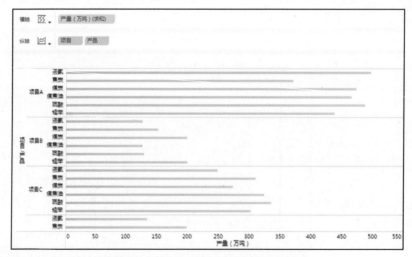

图 4.25　各项目各产品产量初始视图

（3）本例中，如需按照各项目各产品的产量由高到低进行排序，可在"纵轴"区域，分别单击"项目""产品"字段右侧的下拉按钮，再选择"降序"→"产量（万吨）（求和）"命令即可，如图 4.26 所示。

（4）在上例中若想将项目 A 放在首位，可在"纵轴"区域中单击"项目"字段右侧的下拉按钮，再选择"自定义排序"命令，进入如图 4.27 所示的自定义排序界面，直接拖曳

项目 A 进行顺序的调整。

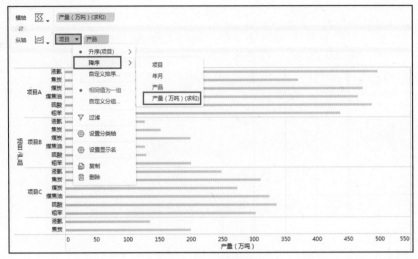

图 4.26 按字段排序

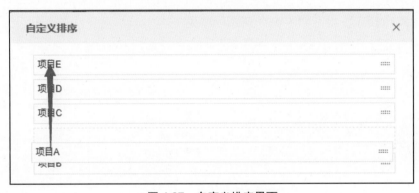

图 4.27 自定义排序界面

（5）以上过程也可在表格组件中实现，只需在"图表类型"中选择明细表，在表头处设置排序类型，即可获得所要的结果，如图 4.28 所示。

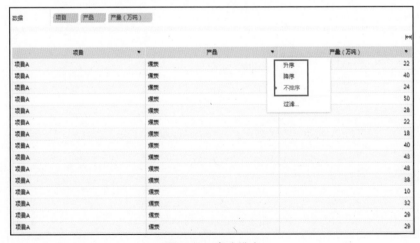

图 4.28 表头排序

任务 4.4.2　各类产品优等品率情况

假设优等品率在 60% 到 80% 之间是正常情况，则低于 60% 或高于 80% 的情况应引起重视，可通过设置警戒线进行数据预警。

（1）在仪表板中添加"组件"，连接数据源"各类产品产量完成情况"，添加计算指标"优等品率"，其计算公式为：SUM_AGG（优等品）/SUM_AGG（产量），如图 4.29 所示。

图 4.29　创建优等品率计算指标

（2）将"维度"中的"年月"拖至"横轴"，将指标"优等品率"拖至"纵轴"，将"产品"拖至"颜色"和"形状"标记，"图例位置"改为"上方"。

（3）单击"优等品率"字段的下拉按钮，选择"设置值轴"命令，在打开的窗口中设置参数如图 4.30 所示，得到如图 4.31 所示的结果。

图 4.30　设置值轴

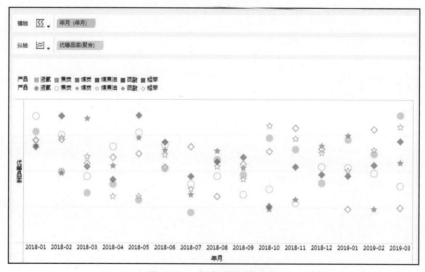

图 4.31　各产品优等品率

（4）单击"优等品率"字段的下拉按钮，选择"分析线"命令，再单击"警戒线"选项，弹出警戒线设置窗口。

（5）在警戒线设置窗口中，单击"添加警戒线"按钮，命名警戒线为"80%优等品率警戒线"；同样操作添加"60%优等品率警戒线"，如图 4.32 所示。警戒线效果图如图 4.33 所示。

图 4.32　添加警戒线

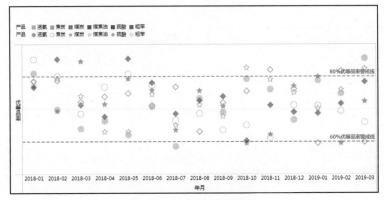

图 4.33　警戒线效果图

还可在图 4.33 中增加趋势线，实现步骤与警戒线类似：

（1）单击"优等品率"字段的下拉按钮，选择"分析线"命令，再单击"趋势线"选项，弹出趋势线设置窗口。

（2）在趋势线设置窗口中，单击"添加趋势线"按钮，按需求选择图 4.34 中 4 种拟合方式之一进行设置即可。

图 4.34　趋势线设置窗口

任务 4.4.3　重点关注优等品率排名前三和低于 60%的产品

重点关注优等
品率 60%以下
的产品
视频讲解

1. 添加注释

（1）单击"优等品率"字段的下拉按钮，选择"特殊显示"命令，再单击"注释"选项，进入注释设置窗口。

（2）在注释设置窗口中，单击"添加"按钮，选择为"优等品率（聚合）"最大的 3 个产品添加注释。

（3）单击右侧的字段选择按钮，在弹出的窗口中选择需显示的注释字段"产品""优等品率（聚合）"，如图 4.35 所示，效果如图 4.36 所示。

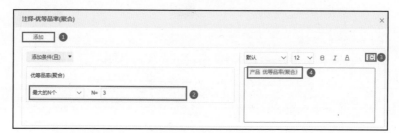

图 4.35　添加注释

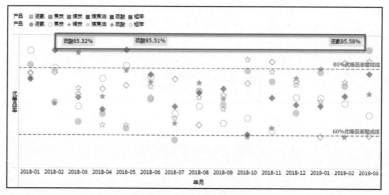

图 4.36　注释效果图

2. 添加闪烁动画

（1）单击"优等品率"字段的下拉按钮，选择"特殊显示"命令，再单击"闪烁动画"选项，进入闪烁动画设置窗口。

（2）在闪烁动画设置窗口中，单击"添加"按钮，选择为"优等品率（聚合）"小于 0.6 的产品添加闪烁动画，如图 4.37 所示，效果如图 4.38 所示。

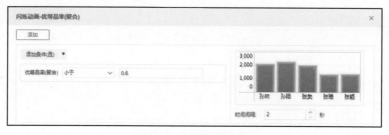

图 4.37　设置闪烁动画

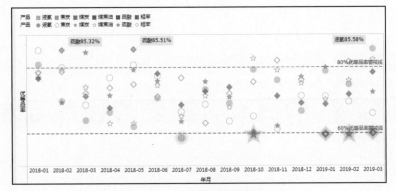

图 4.38　闪烁动画效果

【归纳总结】

　　任务 4.4.1 利用排序完成了各项目产品不同的显示需求，任务 4.4.2 利用警戒线对各产品优等品率进行了预警处理，任务 4.4.3 利用注释、闪烁动画对所关心的产品进行了重点关注。

　　在分析数据时，排序可将杂乱无章的数据按照既定的顺序进行排列展示，有助于呈现更清晰的结果，从而对数据有一个整体的认识。设置警戒线、标记图标、修改文字颜色等操作则可在数据达到预先设置的警戒值时，进行提示，从而达到数据预警的目的。

能力拓展训练

【训练目标】

　　1. 能根据具体的业务需求选择合适的 OLAP 分析方法。
　　2. 能根据具体的业务需求采用恰当的图表辅助分析手段。

【具体要求】

　　现有能源化工原料采购相关数据，数据源位于教材附赠资源"charpter4-3 原料采购数据.xlsx"，请完成以下分析。
　　1. 各供应商采购量及采购金额分析。
　　2. 各采购原材料合格率分析，重点关注合格率在 80%以下的产品。
　　3. 各供应商所供产品合格率、到货及时率分析。

项目五　图表的整合与分享

【能力目标】

1. 能够熟练设计仪表板布局。
2. 能够熟悉掌握仪表板样式设计。
3. 能够掌握组件的跳转与联动的设置。
4. 能够熟练实现仪表板的导出与分享。
5. 能够面向业务需求用数据讲好故事。

仪表板是展示数据分析而创建的可视化组件的面板，其中可以添加任意组件，包括表格、图表、控件等。一张布局合理、色彩搭配美观、主次分明的仪表板可以让用户快速了解最重要的信息、方便查阅更详尽的信息，据此做出重要合理的决策。

仪表板的用途是引导读者查看多个可视化图表，讲述每个数据见解的故事，并揭示数据见解之间的联系。因此在设计仪表板布局的时候，应当正确地引导用户的视线，方便用户阅读、发现重要的信息。

 任务 5.1　仪表板布局设计

【任务描述】

在项目三和项目四中我们学习了常用图表的设计及 OLAP 分析，介绍的对象均为单张图表组件制作，有时候单张图表组件并不能满足多个角度的分析需求，需要使用多张图表组件并设置它们之间的交互；另外，我们有时还需要利用过滤等手段进行数据分析，从而实现更全面的分析，这时候仪表板就派上了用场，同时我们需要将分析结果更美观地展示出来。

目前，有一份 2018 年 1 月～2019 年 3 月某公司原料采购数据，包含"时间""原料""供应商""采购量""采购金额""合格量""及时到货量"字段，如表 5.1 所示。

针对这份数据源，利用项目三、项目四的知识创建一个原料分析仪表板，并在仪表板中添加"月度采购量趋势""原料采购量分布""原料含税平均单价分布""采购原料合格率""供应商采购量排序""供应商产品合格率/到货及时率组件"，如图 5.1 所示。

表 5.1　2018 年 1 月～2019 年 3 月某公司原料采购数据

时间	原料	供应商	采购量	采购金额	合格量	及时到货量
2018-01-01 00:00:00	二氧化硅	兴安化工	2,288	59,488	1,432.29	2,178.18
2018-02-01 00:00:00	二氧化硅	兴安化工	3,692	110,760	2,370.26	2,960.98
2018-03-01 00:00:00	二氧化硅	兴安化工	2,977	62,517	2,238.7	2,450.07
2018-04-01 00:00:00	二氧化硅	兴安化工	3,216	48,240	2,662.85	2,595.31
2018-05-01 00:00:00	二氧化硅	兴安化工	3,883	31,064	2,737.52	3,335.5
2018-06-01 00:00:00	二氧化硅	兴安化工	1,043	5,215	1,024.23	841.7
2018-07-01 00:00:00	二氧化硅	兴安化工	3,818	57,270	3,760.73	3,436.2
2018-08-01 00:00:00	二氧化硅	兴安化工	2,897	81,116	1,981.55	2,468.24
2018-09-01 00:00:00	二氧化硅	兴安化工	1,880	47,000	1,806.68	1,776.6
2018-10-01 00:00:00	二氧化硅	兴安化工	3,278	98,340	2,274.93	2,989.54

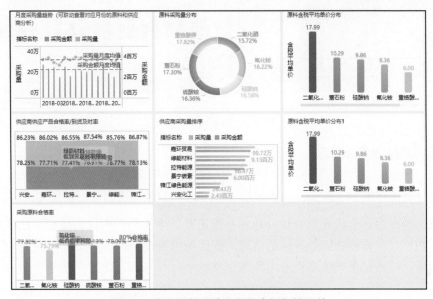

图 5.1　企业原料采购分析仪表板初始组件

本次任务需要完成"原材料采购分析"仪表板布局的设计,主要完成:

(1)网格布局的设计。

(2)添加时间、供应商和原料过滤组件。

(3)添加文本和图片组件。

(4)设置组件悬浮功能。

【知识准备】

1. 故事性可视化仪表板布局

在设计仪表板之前,我们首先需要知道用户的习惯和阅读需求。通常来说,用户查看一个仪表板或者一个可视化作品的时候就像看一本书一样,遵循着从上到下从左到右的原则。最重要的核心指标分析一般放在左上方或者顶部,选择使用较大的数字进行 KPI 指标汇总显示,如果需要添加过滤控件进行页面级的辅助数据筛选,那么控件的位置一般放在顶部,其他一些次重要的分析指标可以放到左下方,最后是一些相对不那么重要的数据或者是引导式分析的数据、明细数据、需要精准查看的数据等,可以放到仪表板的右下方位置。

如图 5.2 所示的故事性仪表板就遵循了从上到下、从左到右的原则,将重要的"医药客户数据分析"标题信息、"在销客户"汇总等信息放置在顶部，相对全局性的"客户区域分析"信息放置在左侧，其他"客户等级分析（客户数量）"等次要信息放置在右下方。

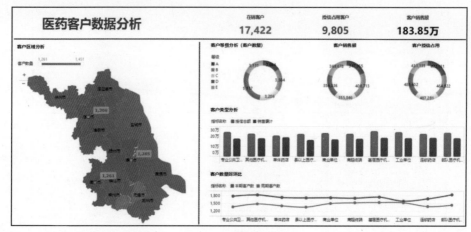

图 5.2　故事性仪表板

2. 常见仪表板布局版式

在进行仪表板布局设计时，我们需要分清展示内容主次关系、层级关系，从而选择合适的布局，以便合理、清晰地讲述数据故事。所以在制作仪表板时可以给予不同内容不一样的侧重，比如在做一些管理驾驶舱或者大屏看板的时候，往往展现的是一个企业全局的业务，一般分为主要指标和次要指标两个层次，主要指标反映核心业务，次要指标用于进一步阐述分析，我们通常将一些比较重要的数据放到中部进行展示。这里推荐几种常见的版式，如图 5.3 所示。

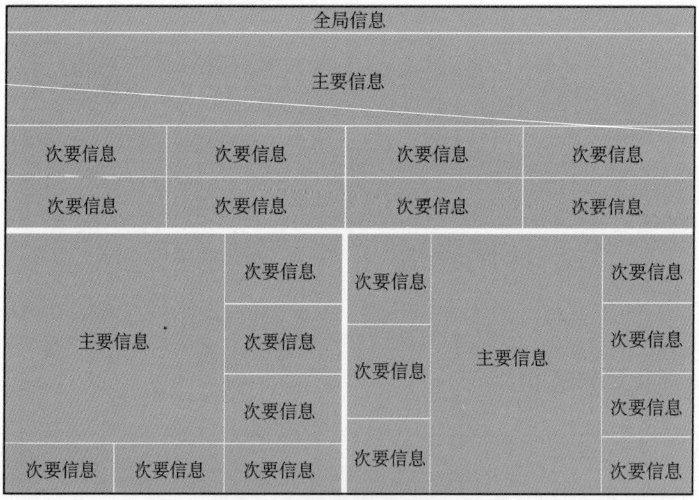

图 5.3　常见的布局版式

需要注意的是，图 5.3 所示的版式不是金科定律，只是常见的主次分布版式。在实际项目中，不一定非要使用主次分布，也可以使用平均分布、层级分布，或者它们组合使用，目的是将数据故事讲清楚、方便用户使用。当指标数量较多、存在多个层级关系时，可参考图 5.4 所示层级布局，效果会很好。

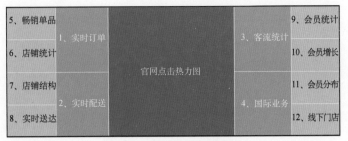

图 5.4　层级关系布局版式

3. 网格布局与自由布局

FineBI 的仪表板布局方式包含网格布局、自由布局，默认为网格布局。网格布局只支持纵向延伸，不支持横向延伸。网格布局将平面按规则划分成若干单元格，每个组件占据一定数量的单元格，组件大小可在仪表板中自由拉伸，宽度最大为屏幕宽度。当屏幕大小发生变化时，随着屏幕实际宽高划分单元格，组件相对整个屏幕的比例不变。自由布局通过设置组件悬浮实现，为组件设置悬浮后，可自由拖动摆放位置及大小，它支持调整设置组件叠放时的顺序。

【任务实施】

任务 5.1.1　设计网格布局

设计网格布局
视频讲解

下面我们根据仪表板设计基本原则来调整"原材料采购分析"仪表板的布局。将"月度采购量趋势"重要的结果指标组件放在上方，"原料采购量分布""原料含税平均单价分布"等次要的指标组件调整成适当的大小后放在下方，选中组件，通过鼠标拖拉的方式调整组件的大小，并将各组件拖放到合适的位置，调整后的布局如图 5.5 所示。

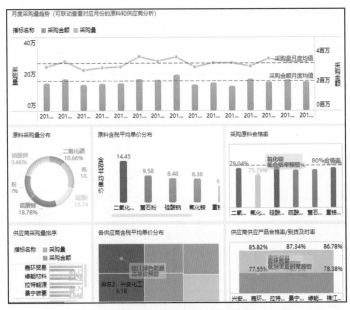

图 5.5　原材料采购分析仪表板

图 5.6 过滤组件

图 5.7 时间过滤组件

任务 5.1.2 制作过滤组件

FineBI 提供了多种常用的条件过滤组件，如图 5.6 所示，用来展现数据和提供过滤的分析交互，主要包括时间过滤组件、文本过滤组件、树过滤组件、数值区间过滤组件和查询、重置按钮。其中文本过滤组件仅用于"文本"字段的过滤；数值区间过滤组件仅用于"数值"字段的过滤；树过滤组件仅用于"文本"字段的过滤；时间过滤组件仅用于时间类型字段的过滤。

1. 添加时间过滤组件

时间过滤组件用于对时间条件进行过滤，筛选出满足时间条件的数据，数据来源只能是时间类型的。

根据时间的形式不同，时间过滤组件可分为 7 种：年份、年月、年季度、日期、日期面板、日期区间和年月区间。

下面我们为原材料采购分析仪表板添加日期区间过滤组件。

（1）在仪表板编辑界面，单击左侧的"过滤组件"，选择"日期区间"组件，如图 5.7 所示。

（2）进入过滤组件设置界面，绑定"时间"字段，将自动获取原料采购数据表中的"时间"字段拖入上方"字段"框中；设置"过滤组件"默认日期过滤区间为"2018-01-01"到"2019-04-01"，单击"确定"按钮保存，如图 5.8 所示。

（3）在仪表板中可以看到该日期区间过滤组件，可以进行日期选择，如图 5.9 所示。

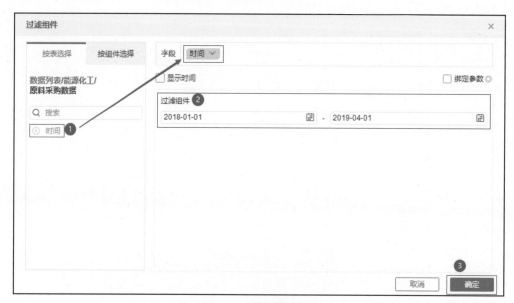

图 5.8 日期区间组件

图 5.9 日期设置

2. 添加文件过滤组件

FineBI 的文本过滤组件包含两种类型：文本下拉过滤组件和文本列表过滤组件。两种组件功能类似，不同点在于，文本下拉过滤组件的过滤条件是收缩隐藏起来的，使用时单击在展开的下拉菜单中进行选择，文本列表过滤组件的过滤条件是始终展开的，可以直接选择过滤。

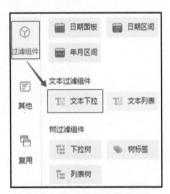

图 5.10 文本过滤组件

下面我们为原材料采购分析仪表板添加选择供应商文本下拉过滤组件，实现对不同供应商的数据分析。

（1）进入仪表板编辑界面，单击左侧"过滤组件"按钮，选择"文件下拉"过滤组件，如图 5.10 所示。

（2）在过滤组件设置界面，绑定"供应商"字段，将自动获取的原料采购数据表中"供应商"字段拖入上方"字段"框中，单击"确定"按钮保存，如图 5.11 所示。

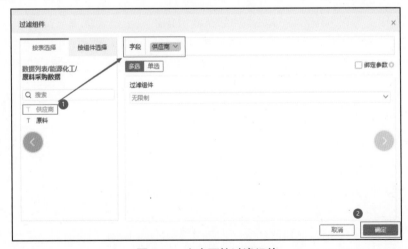

图 5.11 文本下拉过滤组件

文本过滤组件支持添加多表字段，且可选字段来源表之间不需要有任何关联，但文本过滤组件绑定多个字段时，可选值仅为第一个字段的值。

我们还可以对绑定的过滤字段添加过滤条件或排序等操作，下面设置供应商采购金额降序排列，单击"供应商"下拉按钮，展开操作菜单，选择"降序"→"采购金额"命令，如图 5.12 所示即可。

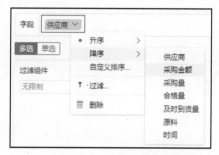

图 5.12　文本过滤组件设置

（3）文本过滤组件添加成功后，在仪表板中可以看到该文本过滤组件，修改组件标题名称为"选择供应商"，拖拉至合适大小。单击下拉按钮，进行供应商过滤选择，这里可以多选，单击"确定"按钮保存，过滤条件设置后仪表板不会立刻过滤，直到单击"查询"按钮，如图 5.13 所示。

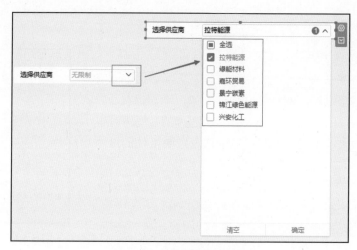

图 5.13　供应商过滤选择

（4）以同样的方式，添加"选择原料"文本过滤组件。

（5）添加查询和重置按钮：单击左侧"过滤组件"→"按钮"，分别单击"查询"和"重置"，"查询"和"重置"按钮会自动添加到仪表板中，一个仪表板中只能添加一个"查询"和一个"重置"按钮。上面供应商原料过滤组件选择好过滤条件后，单击"查询"按钮，仪表板将过滤出相应供应商的数据信息，如果取消查询，那么单击"重置"按钮，实现去除过滤效果。

任务 5.1.3　添加文本组件与图片组件

1. 添加文本组件

文本组件可添加文字，主要用于对仪表板、组件等进行注释，或给查看仪表板的用户做出文字提示等，下面我们完成仪表板标题设计。

添加文本组件
与图片组件
视频讲解

（1）在仪表板中选择左侧"其他"→"文本组件"，或将"文本组件"拖曳至仪表板，会在仪表板中创建一个空白的文本组件，如图 5.14 所示。

（2）在文本框中单击再输入"原料采购分析"文本，文本组件可对输入的文字格式及颜色进行设置，支持选择字体；设置字号大小、字体颜色；设置文本组件背景；设置文字位置等功能。选中"原料采购分析"文字，设置"楷体 36"，背景色设为蓝色，文字颜色设为白色，并拖至仪表板顶部，宽度至整个窗口。采用同样操作，添加"原料分析"和"供应商分析"两个文本组件，效果如图 5.15 所示。

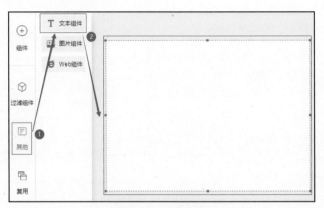

图 5.14　文本组件

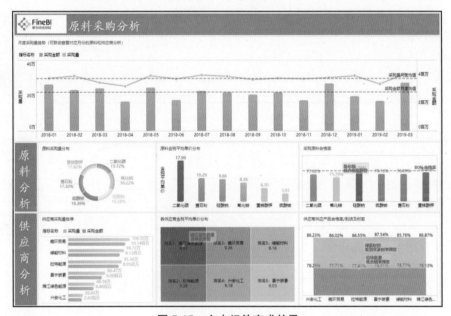

图 5.15　文本组件完成效果

　　文本组件除了支持直接输入文本，还支持选择字段添加。选择字段添加后可以联动其他组件，当执行联动时，文本内容会根据联动结果动态显示，文本组件只能被联动，也就是只能单击其他组件改变文本组件内容，即实现动态显示文本内容的功能。

2. 添加图片组件

　　当用户在仪表板中需要使用图片时，可以使用图片组件在仪表板中插入图片，图片组件支持 JPG、PNG、BMP 及 GIF 4 种图片类型，下面我们将 FineBI 商标添加到仪表板中。

　　（1）添加图片组件。在仪表板中选择左侧"其他"→"图片组件"或将"图片组件"拖曳至仪表板，并单击或拖向仪表板中添加图片组件，会在仪表板中创建一个空白的图片组件，双击"图片组件"或选中"图片组件"，再单击右上角的"上传图片"按钮，根据提示选择需要上传的图片，即可上传，这里我们设置帆软件公司商标，若要更换组件中的图片，可单击"上传图片"按钮重新上传，如图 5.16 所示。

（2）设置图片尺寸。单击"图片尺寸"，再选择"等比适应"，这里可设置图片尺寸为原尺寸、等比适应或适应组件。

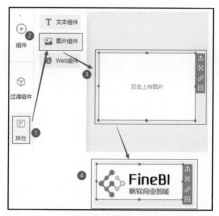

原尺寸：指图片原尺寸大小不变，图片组件小于原图片时，只显示图片组件部分的图片；图片组件大于原图片时，图片组件多出的部分将以空白显示。

等比适应：指按照图片的长宽比例自动去适应组件的大小，图片的大小会随着组件的改变等比例拉伸。我们将帆软商标图片组件设置为"等比适应"，并拉伸组件至合适大小。

图 5.16　图片上传

适应组件：指对导入的图片的尺寸大小始终与组件大小相同，图片将会根据宽度和高度比例发生变化而出现变形情况。

任务 5.1.4　设置组件悬浮

FineBI 的仪表板布局方式默认为网格布局，组件之间默认是并列显示的，如果希望组件之间能够叠加显示，可以通过设置悬浮功能选项实现自由叠放。设置悬浮的组件可以通过"置底"或"置顶"顺序，调整组件间的上下层次关系，下面将 FineBI 商标图片组件设置悬浮。

设置组件悬浮
视频讲解

选中"FineBI 商标"图片组件，单击"下拉"按钮→"悬浮"→"置于顶部"命令，将图片组件拖至仪表板顶部"原料采购分析"标题的上方，并调整合适位置，在"原料采购分析"文字左侧添加适当的空格。日期过滤组件、供应商过滤组件、原料过滤组件、"查询"和"重置"按钮悬浮设置类似操作，并拖至顶部合适位置，如图 5.17 所示。

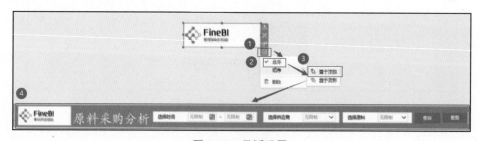

图 5.17　悬浮设置

【归纳总结】

任务 5.1.1 中，我们根据组件重要性调整了组件的大小及在仪表板中的位置，通过设置，仪表板组件的层次结构已经变得清楚明了了。

任务 5.1.2 中，我们在仪表板上添加了时间过滤组件、供应商和原料文本过滤组件，并添加了"查询"和"重置"按钮，用户可以从更多层面对原料采购数据进行分析。

在任务 5.1.3 和任务 5.1.4 中，我们为仪表板添加了公司图标和仪表板标题，将仪表板中公司图标、日期、供应商等过滤组件及"查询"和"重置"按钮设置了悬浮，并调了它们的位置，使得仪表板结构更清晰、更方便用户使用，用户更容易分析了解仪表板讲述的"故事"。

因此，当我们完成图表的数据可视化分析之后，并不意味着已经完成了数据分析报告，如果只是几个图表的组合拼接成的一个仪表板，可能会让用户难以阅读和理解。由于数据可视化分析报告的可读性至关重要，因此我们需要调整组件的组合布局，使用简短有力的标题和文本，并结合过滤组件，传达最有价值的观点、信息或故事。

 # 任务 5.2　仪表板样式设计

【任务描述】

在完成仪表板布局设计后，我们需要对仪表板进一步美化，本次任务完成"原材料采购分析"仪表板组件、标题、图表、表格和过滤组件统一样式的设置。

【知识准备】

仪表板样式提供了从全局角度调整画布的功能，可设置整张画布的背景、标题、组件、图表和表格风格与配色、过滤组件主题等，可从全局对仪表板进行风格配色的统一调整。

FineBI 为用户内置了 6 种预设样式，在仪表板编辑界面可选择想要的风格，同时也支持用户进行自定义样式设置并保存为预设样式。

【任务实施】

任务 5.2.1　设置预设样式

单击仪表板顶部的"仪表板样式"按钮，在打开的"仪表板样式"窗口中选择"预设样式 1"即可，如图 5.18 所示。

设置预设样式
视频讲解

图 5.18　仪表板样式

任务 5.2.2　设置自定义样式

1. 设置组件间隙

组件间隙是指组件与组件之间的间隙，在默认布局方式下，组件之间

设置自定义样
式视频讲解

有间隙。单击仪表板上方的"仪表板样式"→"仪表板"→"组件间隙",在下拉菜单中可以选择"有间隙",单击"颜色"下拉框,选择间隙颜色,如图 5.19 所示。

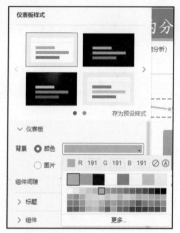

图 5.19　组件间隙设置

2. 设置标题样式

标题样式可统一设置仪表板中组件标题的背景和文字样式。背景可设置为指定颜色或指定图片,标题文字样式分为自动和自定义,选中"自定义"后可设置标题字体、大小、显示位置、加粗等属性。

单击仪表板上方的"仪表板样式"→"标题"→"背景"→"颜色",选择间隙颜色;再选择"文字"→"自定义"选项,设置"宋体 12 加粗",如图 5.20 所示。

图 5.20　设置标题样式

【归纳总结】

任务 5.2.1 中,我们利用预设样式可以快速地将仪表板设置为统一的标准样式,使得仪表板更美观,也节约了大量仪表板样式设置时间。

任务 5.2.2 中,我们通过自定义样式,设置个性化的统一样式。我们也可以结合使用预设样式,先设置预设样式,再对个别组件样式进行自定义设置。

通过样式设置,仪表板会显得更加美观、漂亮,一些重要信息可以通过样式设置加以强化,这样仪表板信息更加容易阅读。

 # 任务 5.3　组件跳转与联动

【任务描述】

在对"原材料采购分析"过程中,我们需要查看部分指标的详细数据信息,并且在分析过程中，通过单一组件很难分析清楚数据的内在关系，因此我们需要通过组件间的联动，更全面地分析数据信息。

本次任务需要完成"原材料采购分析"仪表板跳转与联动功能设置，主要完成：

（1）实现查看"月度采购量趋势明细"组件中某月明细数据。

（2）实现仪表板中组件联动关系。

【知识准备】

在完成仪表板布局设计和样式美化之后，在仪表板工作区可以继续对组件进行一些操作。鼠标选中任一组件，组件左侧或右侧会出现可用的组件面板操作，包括详细设置、复原和下拉，如图 5.21 所示。

单击"下拉"按钮，在弹出的菜单中提供了对组件进行更多的设置，包括详细设置、开始跳转、跳转设置、联动设置、显示标题、编辑标题、悬浮、查看过滤条件、放大、导出 Excel、复制和删除，如图 5.22 所示。

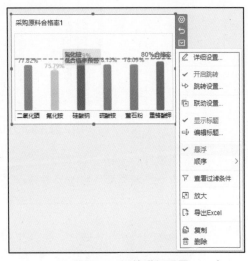

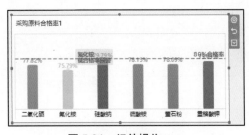

图 5.21　组件操作　　　　　　　　图 5.22　组件详细设置

FineBI 的跳转功能一般适用于汇总指标和明细数据不在同一仪表板中的情况，通过跳转能够从一张仪表板跳转到其他内容页面。FineBI 的跳转包含分析模板跳转和网页链接跳转两种方式。分析模板跳转的方式将会从当前仪表板跳转到另一张仪表板；网页链接跳转方式可以通过设置跳转 URL 实现从仪表板跳转到网页。

FineBI 的组件联动是指后面的组件的可选值随着前面的组件的选择变化而变化，其本质是一个组件的选择项为其他组件的过滤条件。通过联动，用户可以从更多层面分析数据信息。

FineBI 仪表板中的组件联动方式有两种，分别是默认联动和自定义联动。默认联动是指仪表板组件依据数据集字段的关联关系自动添加了依赖字段的联动；自定义联动是指仪表板中组件所使用的数据集不同或者不具备关联关系，又有联动需求，通过自定义建立的联动关系。

【任务实施】

任务 5.3.1 创建组件跳转

创建组件跳转
视频讲解

（1）单击"企业原料采购分析"仪表板右上方的"另存为"按钮，将其另存为名为"月度采购量趋势明细"仪板表，保留月度采购量趋势、顶部图片和文本组件，删除其他所有组件，并修改文本组件为"月度采购量趋势明细"，选中"月度采购趋势"组件，单击"下拉"按钮，去除"显示标题"的勾选，完成效果如图 5.23 所示。

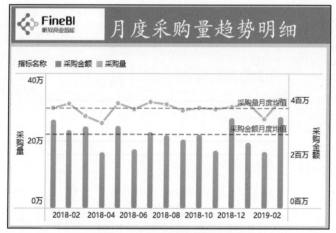

图 5.23 月度采购量趋势明细

（2）选中组件，单击"详细设置"→"图表类型"→"分组表"，将"月度采购量趋势明细"组件的"图表类型"修改为"分组表"，并进入仪表板调整合适大小，如图 5.24 所示。

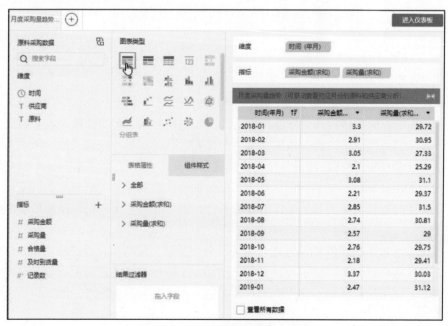

图 5.24 月度采购量趋势组件设置

（3）进入企业原料采购分析仪表板工作区，单击"月度采购量趋势明细"组件"下拉"按钮（确保"开启跳转"处于勾选状态），单击"跳转设置"按钮，如图 5.25 所示。

（4）在弹出的跳转设置框中选择"添加跳转"→"分析模板"，在"跳转到"中选择刚创建的"月度采购量趋势明细"仪表板，勾选"对跳转目标传值"，"打开位置"选择"当前窗口"，单击"确定"按钮，如图 5.26 所示。

图 5.25　跳转设置

图 5.26　跳转设置

（5）跳转设置完成后，单击"月度采购量趋势明细"柱形图中的任一柱子，均会出现"跳转到分析模板"按钮，单击后会在新窗口中打开"月度采购量趋势明细"仪表板，且该仪表板过滤出了 2 月份的采购数据，如图 5.27 所示。

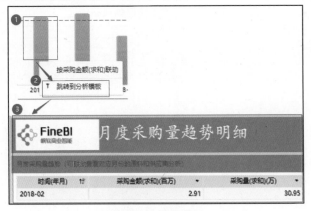

图 5.27　跳转功能

任务 5.3.2　设置组件联动

在原料采购分析仪表板中，由于各组件之间使用同一个表，因此彼此默认是相互联动的。下面我们查看月度采购量趋势组件与其他组件的联动。

（1）选择"月度采购量趋势"组件，单击左侧"下拉"→"联动设置"，如图 5.28 所示。

设置组件联动
视频讲解

（2）在仪表板中可以看到 6 个分析组件，右上方的"可双向联动"默认都是勾选的，如图 5.29 所示，也就是当单击"月度采购量趋势"组件中任一柱子，就会将该月份作为其他 6 个组件的过滤条件进行筛选，展示该月份的数据信息。可以取消勾选从而取消该组件与"月度采购量趋势"的单向联动，则"月度采购量趋势"选择发生变化时，该组件不再变化。如果需要取消该组件对"月度采购量趋势"组件的联动影响，需要设置该组件的联动，取消"月度采购量趋势"组件右上方的"可双向联动"的勾选，从而彻底取消两组件之间的双向联动关系。

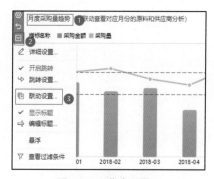

图 5.28　联动设置

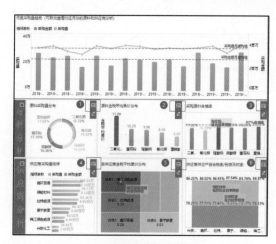

图 5.29　联动开启与取消

（3）查看联动效果：建立双向联动关系的组件，任一组件选择发生改变时，与联动的组件数据将会被筛选，在仪表板中单击"供应商供应产品合格率/到货及时率"组件中的"嘉环贸易"，另外 6 个组件就会过滤显示嘉环贸易公司的数据信息，如图 5.30 所示。

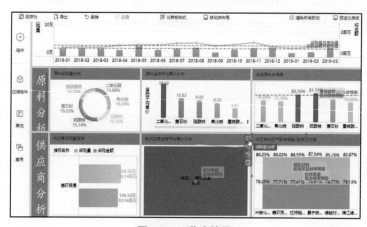

图 5.30　联动效果

（4）取消联动设置：当仪表板中有组件进行了联动条件筛选，该组件侧面就会有"清除联动项"，并在仪表板右上方显示"清除所有联动"按钮。单击"清除联动项"，即可清除该联动组件产生的所有联动；单击仪表板右上方的"清除所有联动"按钮，即可将仪表板内产生的所有联动清除。

【归纳总结】

任务 5.3.1 中，我们创建了"月度采购量趋势明细"仪表板，在仪表板中设置了展示月度采购量趋势的明细信息，用户可以通过跳转查看月度采购详细数据。

任务 5.3.2 中，我们通过对组件间联动关系的设置，创建了组件间的联动关系，用户可以从更多维度来分析月度原料采购量信息，企业可以做出更全面的决策。

通过跳转和联动的设置，我们发现仪表板数据信息变得更加丰富、全面，有利于我们讲好数据"故事"。FineBI 中还提供了标题动态显示组件、查看过滤条件、复制、删除与复用等操作，有助于我们更好地使用仪表板。通过任务 5.1、任务 5.2 和任务 5.3 的操作，我们最终完成了"原料采购分析"仪表板的制作，完成效果如图 5.31 所示。

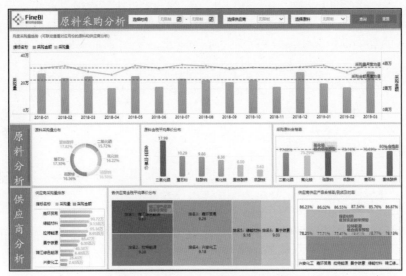

图 5.31 原料采购仪表板设计完成效果

 任务 5.4 仪表板导出与分享

【任务描述】

在设置完成仪表板创作后，我们需要将仪表板分享给他人，有时还需要将仪表板中的数据导出，以便实现更多的用途。

下面我们完成"原材料采购分析"仪表板导出与分享操作，主要完成：

（1）将"原料采购分析"仪表板导出 Excel 格式和 PDF 格式文件。

（2）实现"原料采购分析"仪表板的分享功能。

（3）完成"原料采购分析"仪表板移动布局的设计。

【知识准备】

在实际编辑仪表板的过程中，为了给用户更好的操作流畅性体验，取数时默认只分析前 5000 条数据。如果想查看全部的数据计算结果和效果，用户可以在仪表板工作区上方的菜单栏中单击"预览"按钮进入预览页面，仪表板在预览时显示所有数据的分析结果。

通过预览检查设计达到预期效果后，设计者可以将仪表板导出或分享给其他用户。

【任务实施】

任务 5.4.1　仪表板导出

仪表板导出
视频讲解

用户做好的数据分析仪表板可以选择全部导出到 Excel 或者 PDF 中，以供进行其他处理或用于制作报告。在仪表板工作区，单击上方菜单栏中的"导出"按钮，可以看到"导出 Excel"和"导出 PDF"选项。选择"导出 Excel"选项后，会生成 Excel 文件，支持将整个数据分析模板的 dashboard 界面都导出到 Excel 中。可以在 Excel 文件中看到整体模板的分析效果及各组件的明细数据结果。选择"导出 PDF"选项后，导出的 PDF 文件只会展示整体 dashboard 界面效果。该界面上各个组件的位置会完全按照 PC 端布局展示，同时对应组件的过滤条件也会导出，即导出的效果就是用户在 PC 端看到的数据和图表对应效果。

任务 5.4.2　分享仪表板

分享仪表板
视频讲解

仪表板创建完成后，我们可以将其分享给别人，FineBI 支持三种仪表板分享方式：分享仪表板、创建公共链接和挂出仪表板。

分享仪表板则需要回到 FineBI 数据决策平台的主界面，单击左侧"仪表板"菜单，进入仪表板文件管理界面。每个独立的仪表板文件均支持相应的操作，包括分享、创建公共链接、申请挂出等。将光标放置在仪表板文件上，中间区域会显示"分享""申请挂出""创建公共链接"三种操作，三种方式均可分享仪表板，如图 5.32 所示。

图 5.32　仪表板文件操作

1. 仪表板分享

单击"仪表板"，将光标悬浮在"企业原料采购分析"的仪表板上，单击"分享"按钮，在弹出的对话框中选择要分享的指定用户，比如分享给"销售主管"部门所有人员，将"部门"→"销售主管"→"分享给"按钮解锁，单击"完成"按钮。若要取消分享，则在同一个页面中选择对应用户将"分享给"加锁即可，如图 5.33 所示。

通过"分享"方式分享的仪表板，如果对应用户具有对该仪表板对应数据表的使用权限，就能看到该仪表板及对应的数据可视化效果；如果该用户没有对应数据表的使用权限，打开仪表板之后则会提示没有使用数据的权限，因此可以有效地对数据进行安全管理。

图 5.33　仪表板分享操作

2. 通过"创建公共链接"方式分享的仪表板

单击"仪表板",将光标悬浮在"企业原料采购分析"的仪表板上,单击"创建公共链接"按钮,在弹出对话框中公共链接分享功能默认的是关闭状态,单击"链接分享"按钮,自动生成链接,再单击"复制链接"按钮,会显示复制成功,可将此链接分享给他人,获得链接的用户都可以查看仪表板内容,如图 5.34所示。

图 5.34　创建公共链接分享操作

通过"创建公共链接"方式分享的仪表板,此公共链接任何人都可以访问,不需要登录,也不需要有任何权限。所有点开链接的用户都能看到分享者对应数据权限下的仪表板。

3. 通过"申请挂出"方式分享仪表板

管理员挂出并为目录下该仪表板分配查看权限以后,有权限的人员登录自身账号,在目录下即可查看挂出的仪表板。此分享方式主要用于仪表板协同创作,在此不再赘述。

任务 5.4.3　设计移动端布局

FineBI 的仪表板除了可以在 PC 端查看,还可以在移动端,如手机、iPad 端进行查看。为了在移动端能够更好地查看仪表板,FineBI 在仪表板界面中提供了移动端布局功能,移动端布局与 PC 端布局互不影响,移动端布局中一个组件占一行,目前版本中组件大小不可以设置。

设计移动端布局视频讲解

移动端布局支持的组件有图表组件、表格组件、明细表组件、Web 组件、文本组件、图片组件、复用的组件;不支持的组件有文本下拉、数值、日期、下拉树、查询、复合过滤、重置等所有过滤组件。

下面我们进行移动端布局设计。

1. 进入移动端布局窗口

打开"企业原料采购分析"仪表板，单击最上方的"移动端布局"按钮，在弹出的移动端布局窗口中可对组件在移动端是否显示及显示的位置进行调整。

2. 组件位置调整

在移动端布局窗口的左侧直接显示了移动端组件排列顺序，默认按照组件创建先后顺序显示可用组件。将光标悬浮在组件上方，会显示该组件标题，拖曳组件可直接调整位置，将组件调整至任意想要摆放的顺序即可。

3. 隐藏组件

对于有些在 PC 端仪表板中用于优化图表效果的组件，在移动端可能不需要展示，此时就可以在移动端布局窗口中隐藏这些组件。将光标悬浮在组件上方，在组件右上方会显示"隐藏该组件"按钮，单击即可隐藏该组件，被隐藏的组件会显示在右侧"隐藏的组件"列表中，若想取消隐藏，单击组件右上方的"展示该组件"按钮，恢复后的组件默认在布局中的最后一个。

4. 重置组件

若对于之前做的一些调整不太满意，想恢复最初移动端默认的布局样式，单击移动端布局窗口左下角的"重置"按钮并单击"确定"按钮保存，如图 5.35 所示。

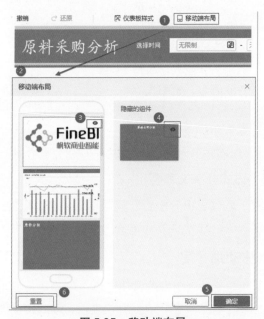

图 5.35　移动端布局

【归纳总结】

任务 5.4.1 中我们学习仪表板 Excel 和 PDF 两种格式的导出方式，导出的文件可以用于更多场合使用，方便用户进行数据处理。

任务 5.4.2 中，我们初步了解了仪表板的分享方式，仪表板创建成功后，有时是创作者自己分析数据，但更多时候是分享给管理者进行数据分析，有时还需要与他们协同完成仪表板的创作，因此我们需要熟练掌握各种分享方式。

任务 5.4.3 中，我们完成了移动端布局的设计，目前 FineBI 移动端布局设计还比较简单，但对于在移动端展示仪表板内容还是比较有帮助的。

本次任务通过仪表板导出、分享与移动端布局的设计，使我们清楚仪表板设计完成后并没有完成仪表板的最终工作，我们需要通过分享等方式将仪表板所讲述的"故事"展示给相关数据分析人员，从而真正实现仪表板的价值。

能力拓展训练

【训练目标】

1. 学会根据数据分析需要设计仪表板布局。
2. 能够通过仪表板样式设计，展示重点数据信息。
3. 能够根据数据业务需要熟练设置组件跳转和联动关系。
4. 能够熟练进行仪表板分享操作。

【具体要求】

现有电气电子行业空调零售相关数据，数据源位于教材附赠资源"chapter4-1 空调零售明细表.xlsx"（见图 5.36）。

目前需要针对这份数据源设计空调零售管理仪表板：

1. 创建地区销售额/利润、品类销售额/利润、热销价格段、分渠道份额、销售额/销售量趋势分析、价格–地区销售对比等组件。
2. 添加"空调销售管理""分级市场份额构成"等文本组件。
3. 创建"销售额"和"销售量"汇总组件。
4. 调整组件布局、设计组件样式并完成组件间的联动设置。
5. 实现将仪表板分享他人使用操作。

# 销售量	# 销售额	# 利润	T 品牌	T 地区	T 分级市场	T 产品类型	T 销售渠道	T 价格段	◷ 时间
2	5,752	394	美的	四川	一级市场	挂式冷暖	超级市场	2000以下	2018-01-01 00:00:00
3	6,948	439	格力	北京	一级市场	柜式冷暖	百货商场	2000-3000	2018-05-31 00:00:00
16	25,960	910	海尔	云南	一级市场	挂式单冷	家电专营	3000-4000	2018-02-06 00:00:00
2	23,962	621	长虹	吉林	一级市场	柜式单冷	百货商场	4000-5000	2018-01-19 00:00:00
15	13,427	1,117	小天鹅	浙江	一级市场	柜式单冷	百货商场	5000-7000	2018-01-27 00:00:00
7	33,378	397	三菱电机	江苏	一级市场	挂式单冷	家电专营	7000以上	2018-05-13 00:00:00
9	8,650	1,309	松下	云南	一级市场	柜式单冷	家电专营	4000-5000	2018-05-30 00:00:00
13	27,478	824	海信	江苏	一级市场	柜式单冷	百货商场	5000-7000	2018-02-26 00:00:00
11	25,042	1,019	三菱重工	江苏	一级市场	挂式单冷	百货商场	2000以下	2018-01-05 00:00:00
11	9,362	688	志高	云南	一级市场	柜式冷暖	百货商场	7000以上	2018-04-07 00:00:00
16	17,461	694	奥克斯	江苏	一级市场	柜式单冷	家电专营	4000-5000	2018-01-29 00:00:00
8	36,745	1,338	TCL	四川	一级市场	柜式冷暖	百货商场	2000以下	2018-04-26 00:00:00

图 5.36　空调零售明细表

项目六　数据分析思维

【能力目标】

1. 能够熟悉数据分析的目的和基本流程。
2. 能够熟悉常见的数据分析方法。
3. 能够熟悉常见的商业分析模型。

数据分析指用适当的统计、分析方法对收集来的大量数据进行分析，将它们加以汇总和理解并消化，以求最大化地开发数据的功能，发挥数据的作用。数据分析是为了提取有用信息和形成结论而对数据加以详细研究和概括总结的过程。

 ## 任务 6.1　数据分析的目的

【任务描述】

A 连锁超市是一家面积为 2200 平方米的中型超市，以烟、酒、饮料、食品、日用品为主，位于某市繁华地段的一个商业大厦的地下一层，目前 A 超市的最大问题是虽然超市人流量很大，但是总体的销售额不尽如人意。如果你是超市经理，能否根据相关数据，通过数据分析，从而提升超市的销售额呢？

【知识准备】

数据分析其实是我们日常生活中一直在使用的方法和手段。例如，我们在电商平台购物，会根据同一商品不同门店的价格及用户的评价做出选择；我们会根据股票的基础数据和走势来决定是购买还是抛出；我们在填报高考志愿前，会研究分析意向院校和专业的录取分数线，最终做出选择，等等。这些基于数据的小型决策，主要是根据我们日常积累的数据经验来做出判断的，属于简单的分析过程。对于数据分析师或者业务决策者来说，则需要系统地掌握一套科学的、符合商业规律的数据分析方法。

数据分析是为了解决业务过程中遇到的问题，根据我们要解决的问题类型，数据分析的目的可以分为三类：分析现状、分析原因和做出决策。

分析现状是我们数据分析的基本目的，比如，我们需要明确当前市场环境下，我们的产品市场占有率是多少，注册用户的来源有哪些，注册转化率是多少，购买转化率是多少，竞品是什么，竞品的发展现状如何，我们和竞争对手相对优势有哪些，不足又有哪些，等等，这些都属于对于现状的分析。

分析原因是探究现状的根源，在具体的业务中，不光要知道怎么了，还需要知道为什么如此。在业务上，我们经常会遇到某天用户突然很活跃，有时用户突然大量流失等，每一个变化都是有原因的，我们要做的就是找出原因，并给出解决办法。

数据分析的第三个目的就是做出决策，用数据分析的方法预测未来产品的变化趋势，对于产品的运营者来说至关重要。作为运营者，可根据最近一段时间产品的数据变化，根据趋势线和运营策略的力度，去预测未来的变化趋势，并做出决策。

对于企业而言，数据分析可以帮助企业优化流程，提高营业额，降低成本，我们往往把这类数据分析定义为商业数据分析。商业数据分析的目标是利用大数据为所有业务决策者做出迅捷、高质、高效的决策，提供可规模化的解决方案。商业数据分析的本质在于能够创造商业价值，驱动企业业务增长。

【任务实施】

在该任务中，要解决我们提出的问题，可以从数据分析的三个目的着手分析。

数据分析的目的视频讲解

首先就要分析现状。可以从三个方面进行分析：人员、场地、货物。人员包括顾客和销售人员；场地包括卖场布局和促销工具等；货物包括普通商品、重点商品和促销商品等。

然后是分析原因。对于人员方面，可分析顾客的来源和消费规律，以及店员的销售水平；对于场地方面，可分析商品的陈列方式、采用的金融工具及社交工具等；对于货物方面，可分析商品的种类是否合理、货物是否充足及是否能产生关联销售等。通过对以往的销售数据进行分析，从以上几个方面得出销售额不高的原因。

最后是做出决策，也就是根据分析的原因，做出应对策略。

【归纳总结】

通过该任务可以看出，数据分析具有非常大的价值。具体来说，数据分析能够将隐藏在大量杂乱无章的数据中的信息集中和提炼出来，从而找出所研究对象的内在规律。在实际应用中，数据分析可帮助人们做出判断，从而采取适当行动。在进行数据可视化时，数据分析能够帮助我们明确需要展示的内容和展示的思路，从而得出更准确的数据见解。

因此，企业在运营的过程中产生的交互、交易行为，都可以作为数据采集下来。企业通过分析这些数据，不断优化业务的各个环节，创造更多符合需求的增值产品和服务，重新投入用户的使用过程，从而形成从产生数据到业务变现再到用户使用的完整业务闭环，如图6.1所示。这样

图6.1　数据分析的驱动力

的完整业务逻辑，可以实现真正意义上的驱动业务增长。

 任务 6.2　数据分析的流程

【任务描述】

通过对数据分析目的的认识，我们了解了对 A 连锁超市进行数据分析的必要性。那么，我们要着手进行数据分析，可以按照什么样的流程和步骤来完成呢？

【知识准备】

1. 数据分析的流程框架

一般来说可以将数据分析的基本工作流程分为以下 7 个步骤：洞悉业务背景、制定分析计划、数据拆分建模、执行分析计划、提炼业务洞察、产出商业决策、验证决策效果，形成从数据分析到业务驱动的决策闭环，如图 6.2 所示。

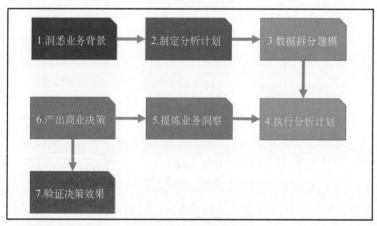

图 6.2　数据分析流程

2. 数据分析具体步骤

（1）洞悉业务背景。所有商业数据分析都应该以业务场景为起始思考点，脱离实际业务的数据分析是没有任何商业价值的，意味着它永远只是一个孤立的数字。因此，首先要熟悉业务含义，理解数据分析的背景、前提，以及想要关联的业务结果。

（2）制定分析计划。我们需要思考分析思路，并且制定好尽可能全面和完善的分析计划。例如，需要哪些数据表，需要分析哪些维度和指标，对业务场景如何拆分，如何进行数据和业务之间的关联推断等。用到的方法主要是分析法和综合法。分析法是从最终的指标出发，拆解指标进行分析。综合法则是从各部分的原因出发，推断结论。大部分时候我们需要对已经出现的结果进行分析，因此，这里推荐使用更符合应用场景的分析法。围绕分析法拆解最终指标时，可以参考以下两个原则。

一个是 MECE 原则。一般来说每个问题都会有一个需要分析的核心目标，建议按照 MECE 原则（相互独立，完全穷尽）对核心指标进行逐步拆解。如图 6.3 所示的人类群体划分的例子，就说明了 MECE 原则所强调的独立和穷尽，最终分类结果应无重复、无遗漏。

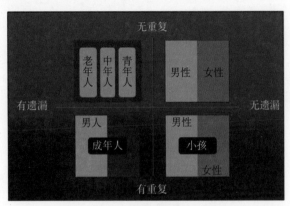

图 6.3　用 MECE 原则划分人类群体

另一个是内外因素分解法。在按照 MECE 原则进行核心指标拆解时，很多因素都可能会影响核心指标，做到相互独立和完全穷尽并不容易。此时可以参考内外因素分解法，把影响因素拆成内部因素和外部因素、可控和不可控两个维度，分成 4 个类别后再按照方法一步步解决，如图 6.4 所示。

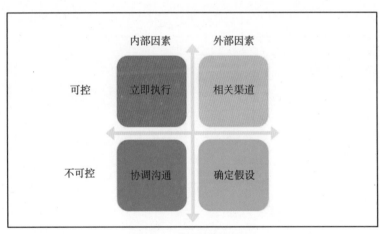

图 6.4　内外因素分解法

下面我们通过两个具体的例子来分析指标拆解的两个原则。

例 1　某个线下销售的产品，我们发现其 8 月的销售额较去年同比下降了 20%，现在想了解销售额下降的原因。

如图 6.5 所示，我们按照 MECE 和内、外部因素进行维度和指标的拆解。对于内部因素，我们可以先观察时间趋势下的波动，了解清楚是突然暴跌还是逐渐下降。再对比不同地区的数据差异，明晰地区因素的影响。还可以从消费者的角度出发，是不是消费者的喜好发生了改变，或者是对我们的服务不够满意等。对于外部因素，可以询问销售员，了解一下现在的市场环境，其他竞争对手的销售额也出现了缩水，是不是因为市场的原因。

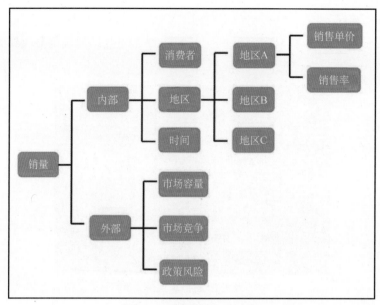

图 6.5　销量下降指标拆解

例 2　某自营电商网站，现在想将商品提价，请分析销售额将会有怎样的变化。

首先可以确定的是销量会下降，但是具体下降多少就无法预测了。这就需要假设商品流量情况，分析提价后转化率的变化情况，然后根据历史数据汇总出销量下降的情况，最后得出销售额的变化，如图 6.6 所示。

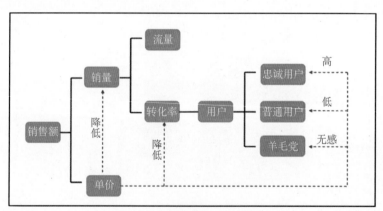

图 6.6　销售额变动指标拆解

（3）数据拆分建模。根据制定好的分析计划，准备并拆分我们真正需要的数据表，进行初步的数据加工和建模，为后续的分析计划的执行做好准备。

（4）执行分析计划。开始进行数据分析和可视化分析，从事先制定好的分析计划，按照不同的分析角度对数据进行多维分析，对数据背后的业务价值不断进行精细化的洞察和探索。

（5）提炼业务洞察。根据分析过程中的猜想和数据验证，得出提炼之后的业务洞察。

（6）产出商业决策。根据提炼出的业务洞察，指导并进行最终的业务决策。

（7）验证决策效果。产出商业决策之后，并不意味着数据分析工作已经结束了。还需要在未来一段时间对数据进行观察和判断，验证之前基于数据分析结论指导制定的业务决策是否真正能够驱动业务产生价值。

如果做出相关业务决策之后，业务数据的确发生了改观，那么说明之前的数据分析工作确实找到了业务的实际问题所在。否则，就需要返回到第一步继续进行思考，分析之前是否考虑不周或者是存在偏差。

【任务实施】

根据数据分析的基本流程，在该任务中，首先我们需要熟悉问题的本质其实就是超市购物篮系数偏低，我们需要做的就是找到原因，提升购物篮系数。

数据分析的流程视频讲解

然后确定分析计划，分解出分析的维度和指标，可以具体分解为三个主要维度：购物篮系数和时间的关系；购物篮系数和顾客购买行为的关系；购物篮系数和商品缺货的关系。

接着是执行分析计划，根据前面得出的分析维度，以周和日为单位，观察购物篮系数的变化规律；调查低购物篮系数的顾客群体和购买行为；并调查商品缺货是否会影响购物篮系数。在此基础上，确定真正需要的数据为商品订单明细、顾客消费数据、每日商品缺货率和购物篮系数数据。

有了这些工作基础，下面就要采用相关的数据分析方法进行具体分析，并得出最终的决策。

【归纳总结】

通过该任务，我们明确了数据分析的 7 个步骤。根据这些步骤能够帮助我们快速搭建一个清晰的数据分析思路框架。其实这些步骤，可划分为以下 3 个阶段：

（1）构建问题，也就是根据业务场景，识别关键问题。

（2）解决问题，也就是通过建模收集数据，并分析数据。

（3）传达结果并基于结果采取行动，比如可通过可视化图表展现分析结果，并根据分析结果做出决策。

当然，真正的数据分析没有一个统一的标准步骤，需要我们结合具体的分析任务灵活加以应用和处理。

 ## 任务 6.3　常用数据分析方法

【任务描述】

某大型零售集团，商品的销售额和毛利率一直表现良好。但是集团经理发现 8 月的销售额环比提升了 12.31%，毛利率却下降了 11.9%，毛利率环比更是下降了 21.41%。作为该大型零售集团的数据分析师，我们要完成经理交给的任务：根据商品和订单的历史数据，找出影响毛利率的关键要素，从而解决集团遇到的困境。在完成该任务的数据分析中，可以从哪些角度进行分析，用到哪些常用的数据分析方法呢？

【知识准备】

在进行数据分析时，数据分析的 7 个基本步骤辅以常用的经典数据分析方法，可以让我们更加灵活地应对不同业务场景下的数据分析问题。常见的数据分析方法主要有趋势分析法、对比分析法、细化分析法、象限法分析等几种。

1. 趋势分析法

趋势分析法是日常数据分析工作中最常用的方法，它按照时间的维度，对某一数据或者不同数据变化趋势进行差异化研究，以及对数据的下一步变化进行预测。趋势分析法一般而言，适用于对产品核心指标的长期跟踪。因此，趋势分析法的要点是建立一张数据指标的折线图或者柱状图，然后结合不同维度数据进行原因分析，最后进行有效预测，得到趋势分析结果。

2. 对比分析法

数据的趋势变化独立地看，其实很多情况下并不能说明问题，比如如果某个企业盈利增长 10%，我们并无法判断这个企业经营的好坏，如果这个企业所处行业的其他企业的盈利普遍为负增长，则盈利增长 5%也显得格外亮眼，而如果行业其他企业的盈利增长平均为 50%，则盈利增长 5%则是个很差的数据。也就是说，数据的一个非常重要的特点是相对性，对比分析正是利用相对性找到数据的变化特点和发展趋势，简单来说就是找差异，以及找出影响这种差异的原因、优化差异的方法。

那怎么找差异呢？一般来说需要比较两个或者多个具有关联的数据，可以是比较多少、比较大小、比较快慢，等等。但是这些数据必须要基于统一的指标，最好是在更多的维度下进行对比。

3. 细化分析法

数据一般都是多维的，因此，我们在分析数据过程中，只有通过钻取、切片、切块、旋转等细分方式对多维度指标进行拆分，才能找到产生数据变化的原因，为数据分析决策提供基础，这就是细化分析法。

4. 象限分析法

象限分析法是通过对数据进行两个及两个以上维度的划分，运用坐标的方式将图表区域分为 4 个象限，画出四象限图，将每个象限的数据表现作为一个类别，图形形状主要以点图呈现，它能够帮助我们快速地将多个分类下的数据按照不同指标进行归类划分，然后非常直观和快速地进行比较和获得分析结果，并让我们针对不同类别的数据制定最佳策略。

【任务实施】

任务 6.3.1　采用趋势分析法分析月毛利率变化趋势

在该任务中，大型连锁企业的商品销售毛利率的趋势变化可采用趋势分析法进行分析。图 6.7 呈现了商品销售的月度毛利率的变化趋势。在图中，用折线图表示商品的毛利率的变化，而柱形图呈现了每月毛利率环比的变化。

采用趋势分析法分析月毛利率变化趋势视频讲解

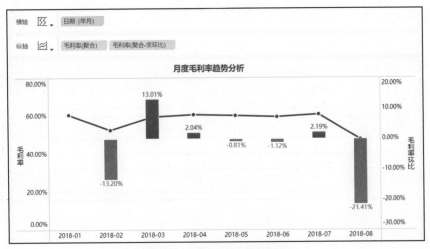

图 6.7 月度毛利率趋势分析

从图中可以很容易看到,2018 年 2 月及 2018 年 8 月毛利率环比大幅下降,特别是 2018 年 8 月下降幅度更是达到了 21.41%,这就是趋势分析的最大优势。当然,简单地画出趋势图,并不算是趋势分析,对于趋势图中明显的拐点,需要我们结合其他维度的数据进行横向、纵向的差异化对比,才能进行完整有效的趋势分析。

任务 6.3.2 采用对比分析法分析不同商品毛利率变化

在图 6.7 中,我们看到某大型连锁企业的商品销售毛利率环比增长率在 2018 年 8 月大幅下降,到底是什么原因造成了这种情况呢?因此,可以对不同商品的毛利率变化进行对比分析,从而进一步发现问题的根源。图 6.8 给出了不同商品类别的毛利率变化情况,可以看出,这几种商品的毛利率在 2018 年 8 月都呈现了下降的趋势,但是通过对比分析发现,零食类商品的降幅最为明显,因此,我们就需要重点分析零食类商品毛利率下降的关键原因。

采用对比分析法分析不同商品毛利率变化视频讲解

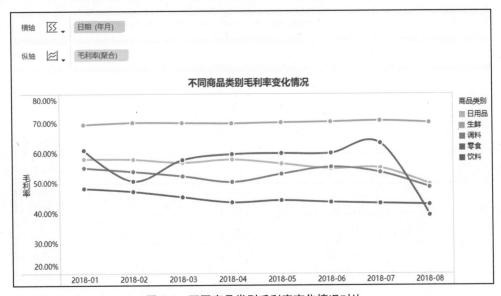

图 6.8 不同商品类别毛利率变化情况对比

任务 6.3.3 采用细化分析法分析区域毛利率

根据前述分析可知，2018 年 8 月毛利率下降最明显的是零食类商品。对于该大型连锁企业来说，全国各地有很多门店，零食类商品毛利率大幅下降是全国各门店普遍的问题，还是由个别门店导致的呢？这就需要进行细化分析。

采用细化分析法分析区域毛利率视频讲解

因此可以以地图的方式呈现全国各地的商品销售毛利率，从而可以看出毛利率最低的是湖南省，仅为 10.83%。

再通过进行下钻操作，进一步细化，得到湖南省商品销售利润率最低的是长沙市，仅为-9.76%。

为了探究到底是哪个门店出现的问题，我们再进一步对长沙市的门店进行分析，得到图 6.9 所示的结果。

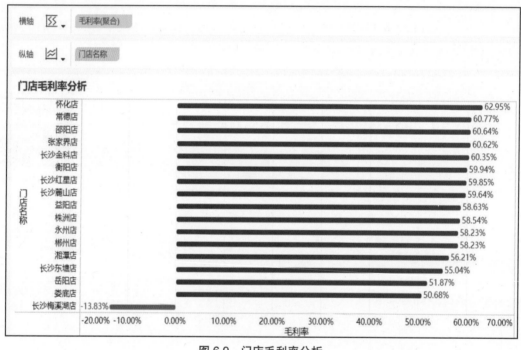

图 6.9 门店毛利率分析

通过这样的一步步细化分析，可以很清楚地发现，该大型连锁 2018 年 8 月毛利率大幅下降的最主要原因是长沙梅溪湖店的商品毛利率出现了异常，为-13.83%。根据分析的结果，我们就可以再对该店进行产品毛利率的监控分析，最终找出问题的根源，为后期提升商品毛利率提供解决方案。

采用象限分析法分析商品销售额和毛利率视频讲解

任务 6.3.4 采用象限分析法分析商品销售额和毛利率

如图 6.10 所示，我们使用象限分析法按照销售额和毛利率对不同商品进行分类分析后，快速定位到处于第二象限的德芙巧克力存在高销售额、低毛利率这一异常情况。

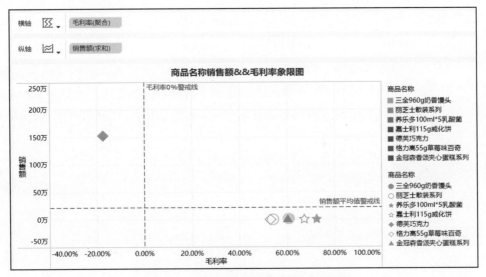

图 6.10　商品名称销售额与毛利率象限图

【归纳总结】

　　任务 6.3.1 利用趋势分析法分析了月毛利率的变化情况，得到 8 月毛利率严重下滑这一事实，任务 6.3.2 利用对比分析法分析了各种不同商品毛利率的变化趋势，通过对比分析，初步分析得到影响 8 月毛利率的商品类别，任务 6.3.3 利用细化分析法进一步探索问题的根源，分析影响毛利率的具体区域和门店，任务 6.3.4 利用象限分析法分析具体商品的销售额和毛利率，最终确定问题的根源。

　　可以发现，在本任务中，我们采用了多种数据分析方法，这些数据分析方法并不是孤立存在的。当然，数据分析方法还有很多，它们通常都是以不同的形式展现出来的，在面对具体分析场景时，我们需要清晰知道应用哪一个或几个方法来分析实际问题最为有效，并结合场景灵活运用，没有最好的分析方法只有最适合的。

 # 任务 6.4　常用商业分析模型

【任务描述】

　　在商业应用领域，比如零售行业，商品和客户是影响利润的最重要的两个因素。因此，在商业数据分析中，需要重点分析下面两个方面的问题：

　　（1）如何区分商品的重要程度？

　　（2）如何根据客户特征对客户进行分类？

【知识准备】

　　在数据分析工作中，除了常见的数据分析方法，也会经常用到一些经典的商业分析模型，比如 ABC 分析模型和 RFM 分析模型就是两种最常用的商业分析模型。

1. ABC 分析模型

ABC 分析模型（简称 ABC 分析法）又称帕累托分析法，全称为 ABC 分类库存控制法。它根据事物在技术或经济方面的主要特征，进行分类排队，分清重点和一般因素，从而有区别地确定管理方式。它把被分析的对象分成 A、B、C 三类，三类物品没有明确的划分数值界限。

在 ABC 分析法的分析图中，有两个纵坐标、一个横坐标、几个长方形、一条曲线，左边纵坐标表示频数，右边纵坐标表示频率。横坐标表示影响质量的各项因素，按影响大小从左向右排列，曲线表示各种影响因素大小的累计百分数。一般地，将曲线的累计频率分为三级，与之相对应的因素分为三类：

A 类因素，发生累计频率为 0%~80%，是主要影响因素。

B 类因素，发生累计频率为 80%~90%，是次要影响因素。

C 类因素，发生累计频率为 90%~100%，是一般影响因素。

2. RFM 分析模型

RFM 分析模型（简称 RFM 模型）是衡量客户价值和客户创利能力的重要工具和手段。在众多的客户关系管理（CRM）的分析模式中，RFM 分析模型是被广泛提到的。该模型通过一个客户的近期购买行为、购买的总体频率及购买金额 3 项指标来对客户进行观察和分类，针对不同特征的客户进行相应的营销策略。

R 值（Recency）：最近一次消费，指的是客户最近一次消费和现在的时间间隔。间隔时间越短，则值越大，这类客户也是最有可能对活动产生反应的群体。

F 值（Frequency）：消费频率，指的是客户在限定的时间内所购买的次数。我们可以说最常购买的顾客，也是满意度最高的顾客。

M 值（Monetary）：客户的消费金额，可以分为累计消费金额和平均每次消费金额，根据不同的目的取不同的数据源进行建模分析。

根据上述三个指标，可以按照表 6.1 所示对客户特征进行向量化。

表 6.1　客户特征向量

特征向量	值	条件
R	1	当前客户最近消费时间差<总体客户平均消费时间差
	0	当前客户最近消费时间差≥总体客户平均消费时间差
F	1	当前客户消费频率<总体客户平均消费频率
	0	当前客户消费频率≥总体客户平均消费频率
M	1	当前客户消费平均金额<总体客户消费平均金额
	0	当前客户消费平均金额≥总体客户消费平均金额

得到客户的特征向量值以后，就可以按表 6.2 所示的方式把客户划分为 8 个类别。

表 6.2　客户类别划分

客户分类	客户特征
重要价值客户（111）	最近消费时间近、消费频次和消费金额都很高，VIP 客户
重要发展客户（101）	最近消费时间较近、消费金额高，但频次不高，忠诚度不高，很有潜力的用户，必须重点发展
重要保持客户（011）	最近消费时间较远，消费金额和频次都很高
重要挽留客户（001）	最近消费时间较远、消费频次不高，但消费金额高的用户，可能是将要流失或者已经要流失的用户，应当急于采取挽留措施
一般价值客户（110）	最近消费时间近，频率高但消费金额低，需要提高其客单价
一般发展客户（100）	最近消费时间较近、消费金额，频次都不高
一般保持客户（010）	最近消费时间较远、消费频次高，但金额不高
一般挽留客户（000）	相关值都不高

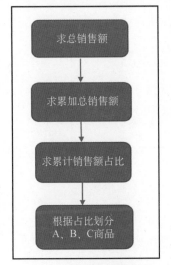

图 6.11　各大品牌销售额
ABC 分析思路

【任务实施】

任务 6.4.1　各大品牌销售额的 ABC 分析

在本任务中，需要根据"零售行业"业务包下的"销售明细表"和"品牌维度表"分析出公司最重要的品牌。可以采用 ABC 分析法，分析的主要思路为：对已有的数据进行处理并进行降序排列，求出累计量和累计占比并根据累计占比将对象划分为三类，如图 6.11 所示。

各大品牌销售
额的 ABC 分析
视频讲解

依据上面的分析思路，可在 FineBI 中制作出如图 6.12 所示的帕累托图。

在图 6.12 中，可以查看各品牌商品销售额及对应的销售额累计占比。根据 ABC 分析法，将品牌商品按销售量降序排列，依次分成销售额占比为 80%、10%、10%，对应 A 类、B 类、C 类三类品牌，用不同颜色的柱形图展示出来。

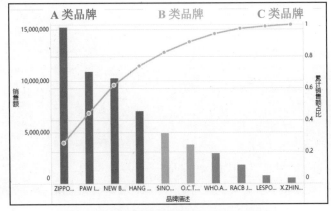

图 6.12　各大品牌销售额 ABC 分析图表

任务 6.4.2 客户的 RFM 分析

客户的 RFM 分
析视频讲解

在本任务中，需要根据"样式数据"业务包下的"RFM 明细数据"，对客户消费明细进行分析，将客户进行分类。"RFM 明细数据"记录了客户的消费明细，根据这份数据，可以按照如图 6.13 所示的流程实现对客户的 RFM 分析。

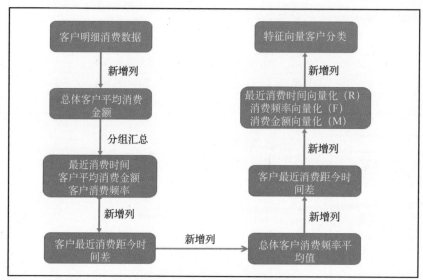

图 6.13 客户的 RFM 分析流程

按照上面的流程，可在 FineBI 中制作出类似图 6.14 所示的仪表板，实现了对客户的价值分类，并为后面的决策提供依据。

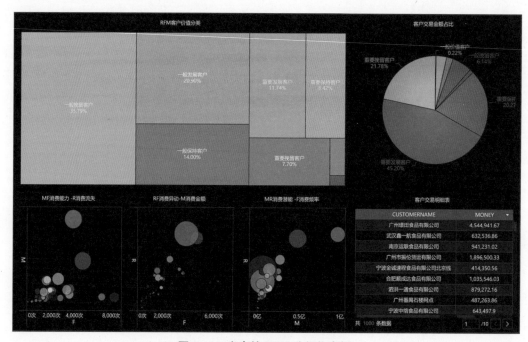

图 6.14 客户的 RFM 分析仪表板

116

【归纳总结】

任务 6.4.1 通过 ABC 分析模型，根据不同品牌商品的销售量，把商品的各大品牌划分成了 A、B、C 三类，任务 6.4.2 通过 RFM 分析模型，对客户的消费特征进行了向量化，并在此基础上把客户分为了 8 个类别。

可以看到，ABC 分析模型主要用于对商品进行分类，并根据不同类别的商品采取不同的管理策略。RFM 分析模型用于对客户进行分析，根据分析结果，调整运营策略，维护好具有重要价值的客户，关注流失的客户，并分析客户流失的原因，减少流失率。

能力拓展训练

【训练目标】

1. 能够根据数据分析需求，采用合适的数据分析方法。
2. 能够使用商业分析模型分析商业数据。

【具体要求】

现有门店销售统计相关数据，数据源位于教材附赠资源"chapter6-门店销售统计数据.xlsx"（见图 6.15）。

目前需要针对这份数据源进行下面的可视化分析：

（1）使用趋势分析法分析月度销售趋势。

（2）使用对比分析法分析自有店与管理店的盈利对比。

（3）合理使用所学的数据分析方法进行其他方面的分析。

（4）使用 ABC 分析模型对商品品牌进行分析。

T 店名	T 店性质	T 所属大区	T 所属小区	# 销售额	# 毛利	⊙ 销售日期
成都店	自有店	中西区	西南	1,046	209	2017-09-30 00:00:00
成都店	自有店	中西区	西南	3,366	673	2017-09-30 00:00:00
北京一期（百货）	自有店	北方区	华北	3,979	124	2017-09-30 00:00:00
重庆店	自有店	中西区	西南	5,960	894	2017-09-30 00:00:00
重庆店	自有店	中西区	西南	1,008	151	2017-09-30 00:00:00
上宝山店	自有店	东南区	上海	4,863	136	2017-09-30 00:00:00
上宝山店	自有店	东南区	上海	1,203	337	2017-09-30 00:00:00
天新百店	自有店	北方区	华北	3,556	924	2017-09-30 00:00:00
上浦建店	自有店	东南区	上海	2,789	753	2017-09-30 00:00:00

图 6.15　门店销售部分数据

项目七　零售行业可视化分析实战

【能力目标】

1. 能够针对零售行业的需求设计可视化分析方案。
2. 能够针对具体的业务需求选择恰当的可视化图表。
3. 能够使用 FineBI 工具实现零售业可视化分析。
4. 能够根据可视化分析结果为企业提供经营决策。

随着互联网经济的快速发展，越来越多的零售企业推动线上线下融合，积累了海量的数据。当前，数据成为企业重要的价值，掌握数据资源就掌握了企业发展的生命线，因此挖掘数据的价值具备十分重要的意义。本项目将围绕零售行业重点关注的商品、门店、会员等方面进行可视化分析。

 任务 7.1　商品分析

【任务描述】

在实际工作中，无论是领导或是业务人员，都会面临下面的问题：

（1）到底哪些商品能够获得消费者的青睐，一路飘红？哪些商品应该被淘汰？而应该淘汰的商品销售额占比又是多少？

（2）同一种商品的价格区间分布是怎样的？竞争对手的价格分布又是怎样的？如何推测一件商品的最恰当售价，从而实现利润与销量的平衡？

因此，本任务中我们将对商品 ABC 分类、品牌效益及价格带进行分析。

【方案设计】

门店管理部门针对多个业务系统中整合的数据，首先进行数据加工、清洗，然后对商品进行 ABC 分析、商品价格带分析及品牌效益分析。

（1）ABC 分析：根据商品对店面销售的贡献度及顾客对商品的本身的需求，按照 70%、20%、10%将商品分为 A、B、C 分类，并进行分类数据分析，包括 SKU 库存数量、销售金额、库存金额。

（2）商品价格带分析：通过分析同类商品不同价格带的销售额、销量，掌握此类商品用户的消费层次及数量，勾画出超市对该商品的基本需求。

（3）品牌效益分析：通过对各品牌的销售额、利润、收入产出比等指标的月度变化趋势，进而评估该品牌的效益。

根据分析目标，确定各个目标的分析维度，然后选择合适的图表进行可视化呈现，形成可视化方案如表 7.1 所示，参考效果如图 7.1 所示。

表 7.1 商品分析可视化方案

分析目标	分析维度	图表类型
商品 ABC 分析	ABC 各类 SKU 库存数量	仪表盘
	ABC 各类销售额及占比	矩形树图
	ABC 各类库存金额及占比	组合图
商品价格带分析	各价格带各类商品销售额情况	散点图
	各价格带各类商品销量情况	散点图
商品品牌效益分析	各品牌的销售额	气泡图
	销售额、利润随时间的变化	折线图
	投入产出比随时间的变化	折线图

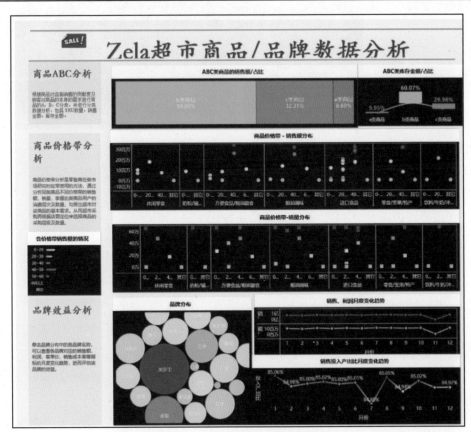

图 7.1 商品可视化分析参考方案

【任务实施】

任务 7.1.1　商品 ABC 分析

本节将使用 FineBI 工具实现对 ABC 各类 SKU 库存数量、销售额及占比、库存金额及占比进行可视化分析。

1. 使用仪表盘分析 ABC 各类 SKU 库存数量

① 连接"商品库存情况"表，创建组件，设置"图形属性"中的"图形类型"为"仪表盘"。

② 分别将"维度"窗口中的"商品 ABC 级别"拖放到"横轴"和"颜色"标记，将"指标"窗口中的"库存量"拖放到"指针值"和"标签"标记。

③ 最后在"组件样式"中完善图表，效果如图 7.2 所示。

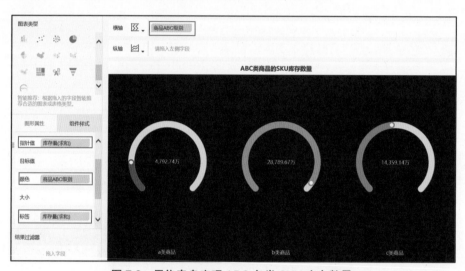

图 7.2　用仪表盘实现 ABC 各类 SKU 库存数量

图 7.3 中，我们看到 B 类商品的库存量最高，最低是 A 类商品（图中 A、B、C 类为 a、b、c 类，以下类同）。

2. 使用矩形树图分析 ABC 各类销售额及占比

① 连接"商品销售明细"表，设置"图形属性"中的"图形类别"为"矩形块"。

② 将"维度"窗口中的"ABC 等级"拖放到"颜色"及"标签"标记，将"指标"窗口中的"销售额"拖放到"大小"及"标签"标记。

③ 最后在"组件属性"中完善图表，效果如图 7.3 所示。

从图 7.4 中我们看到，B 类商品的销售额及占比最高，A 类商品的销售额及占比最低。

3. 使用组合图分析 ABC 各类库存金额及占比

① 连接"商品库存情况"表，将"纬度"窗口中的"商品 ABC 级别"拖放到"横轴"，将"指标"窗口中的"库存金额"二次拖放到"纵轴"。

② 在"图形属性"中将第一个"图形类型"设置为"矩形块"，第二个"图形类型"设置为"线"。

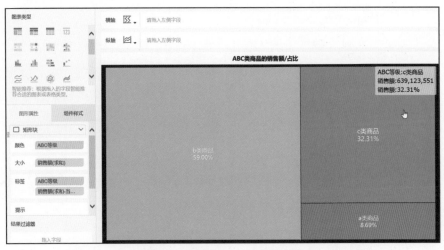

图 7.3 矩形树图呈现 ABC 类商品的销售额及占比情况分析

③ 将"纬度"窗口中的"商品 ABC 级别"拖放到"颜色"标记，将"指标"窗口中的"库存金额"拖放到"大小"及"标签"标记。

④ 最后，在"组件样式"中完善图表，效果如图 7.4 所示。

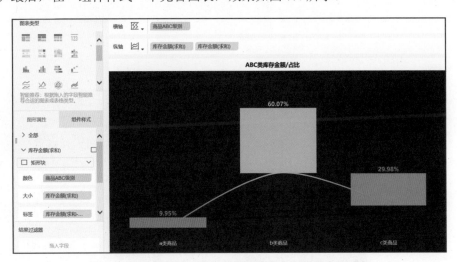

图 7.4 组合图实现 ABC 类商品的库存金额及占比分析

从图 7.4 中看到 B 类商品的库存金额及占比最高，A 类商品的库存金额及占比最低。

任务 7.1.2 商品价格带分析

本任务将使用 FineBI 工具实现各价格带各类商品销售额及销量情况的可视化分析，本任务所用数据源为"商品销售明细"表。

1. 使用散点图分析各价格带各类商品销售额情况

① 连接"商品销售明细"表，创建组件。首先进行价格分组设置，如图 7.5 所示。

② 将"维度"窗口中的"大类"和"单价（区间分组设置）"字段拖放到"横轴"，将"指标"窗口中的"销售额"拖放到"纵轴"和"图表属性"中的"颜色"标记。

③ 在"组件样式"中完善图表，效果如图 7.6 所示。

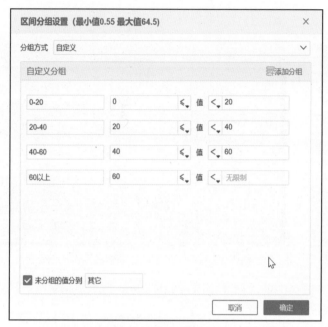

图 7.5　商品价格分组

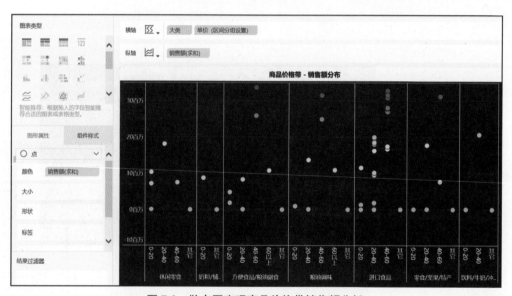

图 7.6　散点图实现商品价格带销售额分析

　　图 7.6 中，我们看到销售额比较高的进口食品，单价主要集中在 20～40 元及 40～60 元两个区间。

2.使用散点图分析各价格带各类商品销量情况

　　① 连接"商品销售明细"表，并新建组件，"图形属性"中选择"图形类型"为"点"。

　　② 将"大类"和"单价（区间分组设置）"两个字段拖放到"横轴"，将"单价"按图 7.5 所示进行价格分组，将"销售数量"字段拖放到"纵轴"。

　　③ 将"指标"窗口中"销售数量"字段拖放到"图形属性"中的"颜色"标记。

　　④ 在"组件样式"中完善图表，效果如图 7.7 所示。

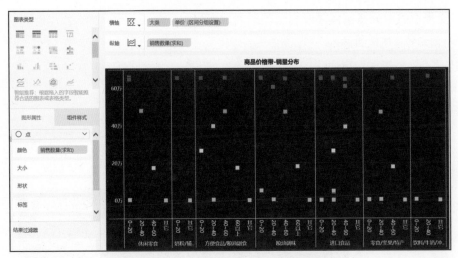

图 7.7 条形图实现商品价格带销量分析

从图 7.7 中我们看到，单价位于 40～60 元区间的商品的销售量是最高的，而单价位于 60 元以上的则销售量最低。

任务 7.1.3 商品品牌效益分析

1. 使用气泡图分析各品牌的销售额

① 连接"商品销售明细"表，创建组件，设置"图表属性"中的"图形类型"为"点"。

② 将"指标"窗口中的"税后利润"和"销售额"分布拖放到"图表属性"中的"颜色"和"大小"标记，将"维度"窗口中的"品牌"字段拖放到"图表属性"中的"标签"标记。

③ 最后，在"组件样式"中完善图表，效果如图 7.8 所示。

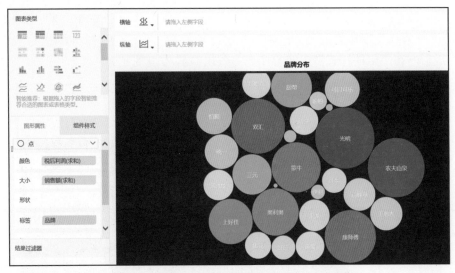

图 7.8 气泡图实现各个品牌的销售额可视化分析

在图 7.8 中可以看到颜色最深的"光明""双汇""农夫山泉""康师傅"等品牌的税后利润最高，圆圈最大表示销售额也最高。

2. 使用折线图分析销售额、利润随时间的变化

① 连接"商品销售明细"表,将"维度"窗口中的"DATE_KEY 年月日"字段拖放到"横轴",将"指标"窗口中的"销售额"和"税后利润"拖放到"纵轴"。

② 选中"图表类型"类型中的"分区折线图"。

③ 最后,在"组件样式"中完善图表,效果如图 7.9 所示。

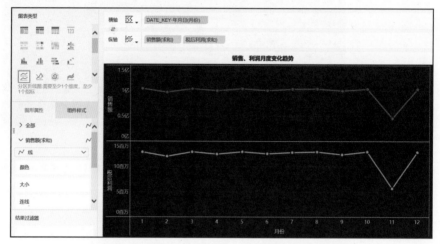

图 7.9 折线图实现销售额、利润随时间变化的情况

从图 7.9 中可以看到,11 月份的销售额及税后利润也最低。

3. 使用折线图分析销售额、利润随时间的变化

① 连接"商品销售明细"表,新建组件,在"图形属性"中设置"图表类型"为"线"。

② 在"指标"窗口中新建指标字段"投入产出比",输入公式为:SUM_AGG(成本)/SUM_AGG(销售额)。

③ 将"维度"窗口中的"DATE_KEY 年月日"字段拖放到"横轴",将"指标"窗口中的"投入产出比"字段拖放到"纵轴"。

④ 最后,在"组件样式"中完善图表,效果如图 7.10 所示。

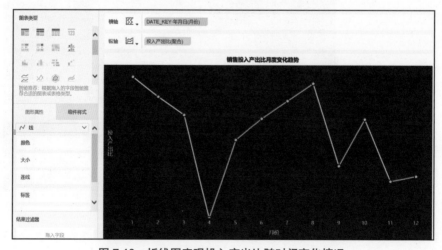

图 7.10 折线图实现投入产出比随时间变化情况

从图 7.10 中可以看出，4 月份、9 月份、11 月份的投入产出比相对较低。

【归纳总结】

本任务主要对商品进行分析，任务 7.1.1 按商品的 ABC 分类对商品的 SKU 库存数量、库存金额及销售金额占比进行了分析。我们看到 B 类商品的销售额是最高的，其库存量及相应的库存金额也最大，显然 B 类商品是门店仓库管理的重点。

任务 7.1.2 主要对商品的价格带进行分析，主要分析各价格带各类商品销售额情况和销量情况，我们看到销售额最高的商品价格集中在 0～20 元区间，这和超市零售业商品的价格定位有关，也和用户进入超市消费的目的有关，对于价位过高的商品在超市门店是不受欢迎的。

任务 7.1.3 主要从商品的品牌效益角度进行分析。首先分析各品牌的销售额情况，其中"光明""双汇""农夫山泉""康师傅"等品牌的销售额最高，税后利润也最高。在 11 月份的时候各品牌销售额、利润最低，但在 12 月份又出现递增的趋势。那么，为什么 11 月份营业额突然出现低谷呢？需要门店管理人员分析当月的经营情况，探究原因。

 ## 任务 7.2 门店分析

【任务描述】

营业额作为门店的绩效考核指标，那么经营者从哪些方面进行考虑，采取哪些策略来提高营业额，经营好一个门店呢？

（1）各个门店中，销售额最高的门店有哪些？分别具有哪些特征？直营店和加盟店的利润比例相差多少？接下来应该开直营店还是加盟店？

（2）门店的整体销售额随时间呈怎样的变化趋势？每周的哪几天销售情况较差，是否需要推出活动来提升销售情况？

（3）在每年的节假日、"双 11"、"618"等营销活动中，哪几次的营销效果最好？有哪些值得借鉴的方案呢？

因此，对于门店经营者来说，门店总体经营情况、各门店经营状况及各个重要的营销节点是需要重点考虑的环节。

【方案设计】

对于门店管理人员来说，由于希望看到门店总体经营情况、各门店经营状况及各个重要的营销节点，因此我们将从下面的角度进行分析：

（1）分析门店的销售额、利润率及不同类型的门店与它们的营销情况。

（2）每月关键指标走势的监控，及时发现并解决问题。

（3）探索每个营销关键节点，各门店的营销表现及利润占比等。

　　根据上面的分析目标，我们确定各个目标的分析维度，然后选择合适的图表进行可视化呈现，形成的可视化方案如表 7.2 所示，参考效果如图 7.11 所示。

表 7.2　门店分析可视化方案

分析目标	分析问题	图表类型
门店总体经营情况	门店关键销售指标	KPI 指标卡
	销售额 TOP10 的门店	柱形图
	按门店分类查看销售额占比	饼图
	直营门店和加盟门店销售额及利润对比情况	对比柱形图
各门店经营状况	各地区门店的销售额	地图
重要营销节点	销售额 TOP10 的日期	柱形图
	每日销售额、利润、门店坪效情况	明细表

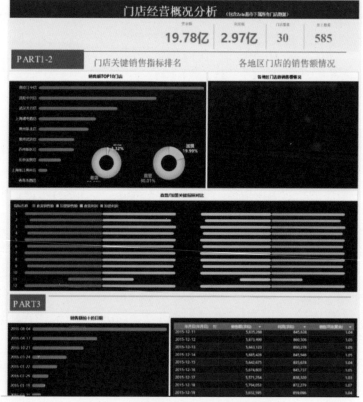

图 7.11　门店可视化分析参考方案效果

【任务实施】

任务 7.2.1　门店的总体经营情况

　　本任务将对门店的总体经营情况进行分析，将分别通过关键销售指标、销售额 TOP10 的门店、各门店分类销售额占比、各门店分类销售额及利润对比情况来对门店的总体经营情况进行分析。本节所用数据源为

门店的总体
经营情况
视频讲解

"门店分析"表。

1. 使用 KPI 指标卡分析关键销售指标

① 连接"门店分析"表，新建组件，将"图形属性"中的"图表类型"设置为"文本"。

② "指标"窗口中的"销售额"代表营业额，将"销售额"拖放到"图形属性"中的"文本"标记。

③ 调整标签中字体大小和样式，得到营业额文本框组件。

④ 最后，制作"利润额""门店数量""员工数量"文本框组件，在仪表板中形成的效果如图 7.12 所示。

营业额	利润额	门店数量	员工数量
19.78亿	2.97亿	30	585

图 7.12　关键销售指标

图 7.12 中我们看到门店总数量为 30，员工数有 585 人，门店的规模还是比较大的。门店总的营业额达到 19.78 亿元，利润额到达 2.97 亿元，利润率只有约 15%。因此，需要通过改善经营策略进一步提高门店的利润率。

2. 使用柱形图分析销售额 TOP10 的门店

① 连接"门店分析"表，新建组件，将"指标"窗口中的"销售额"字段拖放到"横轴"，将"维度"窗口中的"店名"字段拖放到"纵轴"。

② 单击"纵轴"中的"店名"字段，在弹出的菜单中选择"降序"→"销售额（求和）"进行排序。

③ 最后，在"组件样式"优化图表，效果如图 7.13 所示。

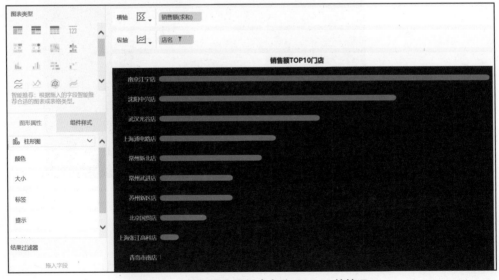

图 7.13　柱形图实现门店名称 TOP10 的情况

从图 7.13 中我们看到南京江宁店的销售额是最高的，其次是沈阳中兴店和武汉光谷店。而位于第 10 名的青岛市南店的销售额就远远落后前 9 名门店了。

3. 使用饼图分析按门店分类查看销售额占比

① 连接"门店分析"表，新建组件，在"图形属性"中将"图表类型"设置为"饼图"。

② 将"维度"窗口中的"新老店"字段拖放到"图形属性"中的"颜色"和"标签"标记，将"指标"窗口中的"销售额"字段拖放到"图形属性"中的"角度"和"标签"标记。

③ 最后，在"组件样式"中优化图表，效果如图 7.14 所示。

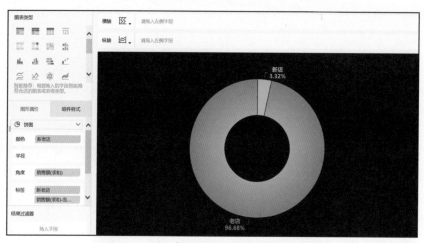

图 7.14　饼图实现新老门店销售额占比情况

④ 同样的方法，制作饼图分析直营和加盟店销售额占比情况，如图 7.15 所示。

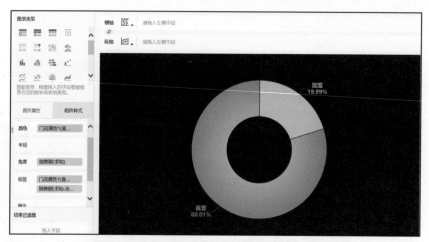

图 7.15　饼图实现直营和加盟店销售额占比情况

从图 7.14 和图 7.15 中可以看到，销售额主要来源老店和直营店。因此如何改善新店的经营策略，加强加盟店的管理，是门店管理者需要思考的问题。

4. 使用对比柱形图分析直营门店和加盟门店销售额及利润对比情况

① 连接"门店分析"表，新建组件，将"指标"窗口中的"利润"字段复制两份，分别重命名为"加盟利润"和"直营利润"，如图 7.16 所示。

② 单击"加盟利润"字段边的小三角，在弹出菜单中选择"明细过滤"，设置过滤条

件为"门店属性/（直营/加盟/…）"属于"加盟"。同样，单击"直营利润"字段边的小三角，在弹出菜单中选择"明细过滤"，设置过滤条件为"门店属性/（直营/加盟/…）"属于"直营"。

③ 同样，将"指标"窗口中的"销售额"字段复制两份，分别重命名为"加盟销售额"和"直营销售额"。同样为"加盟销售额"和"直营销售额"设置"明细过滤"条件，将"加盟销售额"字段的过滤条件设置为"门店属性（直营/加盟/…）"属于"加盟"，将"直营销售额"字段的过滤条件设置为"门店属性/（直营/加盟/…）"属于"直营"。

④ 最后，在"组件样式"中优化图表，效果如图 7.17 所示。

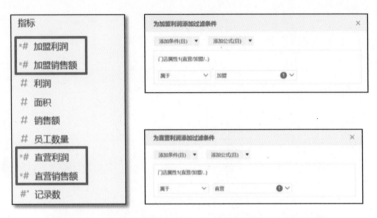

图 7.16　添加"加盟利润"和"直营利润"两个字段

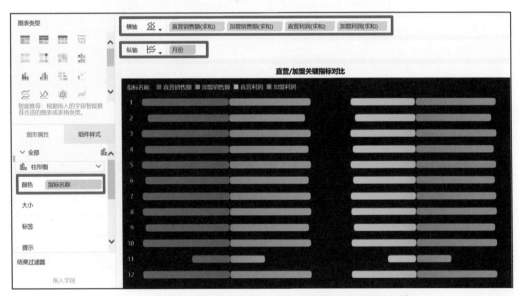

图 7.17　使用柱形图分析直营和加盟店销售额及利润对比情况

从图 7.17 中看到，直营店和加盟店的销售额及利润额都基本接近，加盟店的利润额略高于直营店。

任务 7.2.2　各地区门店经营状况

本任务将使用地图来呈现各地区门店经营的状况，本节所用数据源为"门店分析"表。

① 连接"门店分析"表，新建组件，将"维度"窗口中的"店名"转为"地理角色"中的"市名"，将未匹配成功的门店所在城市进行手动匹配。

② 将"维度"窗口中"店名（经度）""店名（纬度）"分别拖放到"横轴"和"纵轴"，选择"图表类型"中的"点地图"。

③ 将"指标"窗口中"销售额"拖放到"图形属性"中的"颜色"标记，将"指标"窗口中的"利润"拖放到"图形属性"中的"大小"标记。

④ 最后，在"组件样式"中优化图表。

经过分析，我们发现经营最好的门店主要位于江浙、上海及北京地区。其中南京江宁店的经营状况最好。

任务 7.2.3　重要营销节点查看

本任务主要通过分析销售额 TOP10 的日期，以及每日销售额、利润、门店坪效的情况来发现重要的营销时间节点，本任务所用数据源为"门店分析"表。

1. 使用柱形图分析销售额 TOP10 的日期

① 连接"门店分析"表，新建组件，分别将"维度"窗口中的"年月日"字段拖放到"纵轴"，"指标"窗口中的"销售额"字段拖放到"横轴"。

② 将"年月日（年月日）"字段按"销售额（求和）"进行降序排序。单击"纵轴"中的"年月日（年月日）"字段边的小三角，在弹出的菜单中选择"降序"→"销售额（求和）"，并对"销售额（求和）"排名前 10 的日期进行筛选，筛选设置如图 7.18 所示。

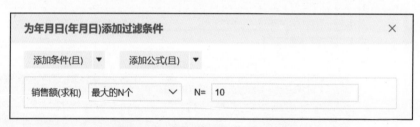

图 7.18　设置"年月日"的过滤条件

③ 设置销售额平均值分析线。单击"横轴"中的"销售额（求和）"字段边的小三角，在弹出的菜单中选择"设置分析线"→"警戒线（纵向）"，在打开的对话框中进行设置如图 7.19 所示。

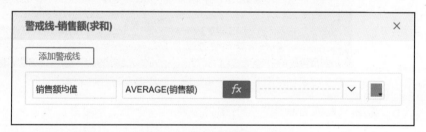

图 7.19　设置销售额平均线

④ 最后，在"组件样式"中优化图表，效果如图 7.20 所示。

从图 7.20 中，我们看到超过销售额平均值的日期位于 8 月 4 日、4 月 17 日和 10 月 21 日。

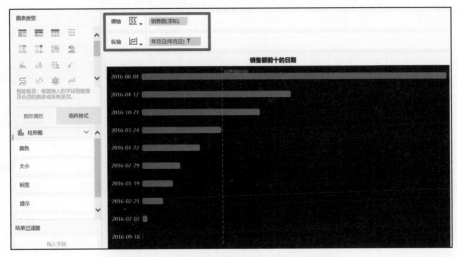

图 7.20　柱形图实现销售额 TOP10 的日期

2. 使用明细表分析每日销售额、利润、门店坪效情况

① 连接"门店分析"表，新建组件，在"图表类型"中选择"分组表"。

② 在"指标"窗口中添加"门店坪效"字段，其计算公式为：门店坪效=销售额/门店面积，如图 7.21 所示。

图 7.21　门店坪效计算公式

③ 分别将"维度"窗口中的"年月日"字段拖放到"维度"轴，"指标"窗口中的"销售额"、"利润"及"门店坪效"字段拖放到"指标"轴。

④ 最后，在"组件样式"中优化图表，效果如图 7.22 所示。

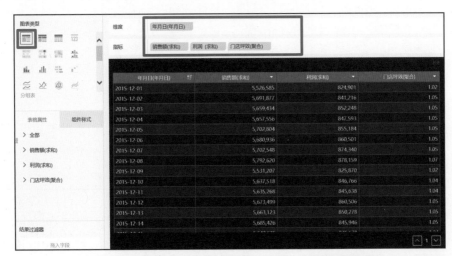

图 7.22　明细表实现每天销售额、利润、门店坪效情况

【归纳总结】

本任务主要对门店经营状况进行分析，任务 7.2.1 使用指标卡对门店的总体经营情况进行了分析，我们看到利润率只有 15%，需要提高门店的经营策略。

任务 7.2.2 使用数据地图、饼图等分析了各地区门店经营的情况，我们看到经营状况最佳的门店主要位于江浙地区，特别是上海、南京和常州这些城市。而老店和直营店是当前门店销售额的主要来源，需要加强新店和加盟店的管理。

在任务 7.2.3 中我们用表格分析了重要的营销节点。从表中的结果看到销售额最高的日期基本位于上半年。针对这些分析结果，门店管理者要重视新店和加盟店的管理及营销策略的指导，加大最佳经营门店的投入，同时也要分析经营状况不佳门店的原因，找到解决问题的对策，以帮助门店提高营业额。

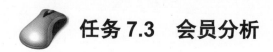 # 任务 7.3　会员分析

【任务描述】

了解消费者是形成市场营销战略的基础。消费者对营销战略的反应决定企业的成败。通过合理、系统的客户分析，企业可以知道不同的客户有着什么样的需求，分析客户消费特征与商务效益的关系，使运营策略得到最优的规划；更为重要的是可以发现潜在客户，从而进一步扩大商业规模，使企业得到快速的发展。那么，对于门店经营者会关注会员哪些信息呢？

（1）消费者（会员）的特征分布是怎样的？不同特征的会员又有着怎样的消费偏好？怎样才能有的放矢地、有针对性地提出营销手段？

（2）消费者（会员）的行为又是怎样的？喜欢在哪些时间消费？在不同的时间喜欢购买的品牌又是否一样？

因此，在本任务中将对会员的总体情况、属性分布及行为进行分析，从而建立完善的用户画像与用户分类，了解用户的喜好。

【方案设计】

对于营销部门相关人员，需要对会员总体情况、会员属性分布及会员行为进行分析，以便更好地制定经营策略。根据任务需求可视化分析方案如表 7.3 所示，参考效果如图 7.23 所示。

表 7.3　会员分析可视化方案

分析目标	分析问题	图表类型
会员总体情况	查看会员数、消费金额、消费数量、新增会员等关键指标	KPI 指标卡
会员属性分布	各年龄段各性别的会员人数	堆积柱形图

续表

分析目标	分析问题	图表类型
会员属性分布	各活跃等级会员人数	环形图
	各职业会员分布的人数	矩形图
会员行为分析	各消费时间段会员的消费数量	折线图
	会员最喜欢品牌的销售额	柱形图
	会员最喜欢品类的销售额	词云

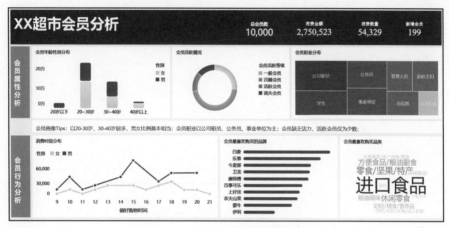

图 7.23　会员可视化分析参考方案

【任务实施】

任务 7.3.1　会员总体情况

会员总体情况
视频讲解

本任务将使用 KPI 指标卡对会员总数、消费额、消费数量、新增会员数等关键指标进行呈现。

① 连接"会员分析"表，新建组件，将"图形属性"中的"图表类型"设置为"文本"。

② 指标卡中的"记录数"代表总会员人数。将"记录数"拖放到"图形属性"中的"文本"标记。

③ 调整标签中字体的大小和样式，得到"总会员数"文本框组件。

④ 对于"新增会员"文本框组件，只需要按上面的步骤，先制作"总会员数"文本框，最后将"维度"窗口中的"新老会员"字段拖放到"图形属性"中的"结果过滤器"标记，然后筛选出"新会员"。

⑤ 最后，制作"消费金额""消费数量"文本框组件，在仪表板中形成的效果如图 7.24 所示。

图 7.24　指标卡实现会员总体情况

图 7.24 中，我们看到目前门店的会员人数达 10000 人，消费金额达到 2750523 元，消

费数量为 54329 次，新增会员人数为 199 人。

任务 7.3.2　会员属性分布

本任务对各年龄段各性别的会员人数、活跃等级会员人数、各职业会员分布的人数进行分析。本任务所用的数据源为"会员分析"表。

1. 使用堆积柱形图分析各年龄段各性别的会员人数

① 连接"会员分析"表，新建组件，将"年龄"字段拖放到"横轴"，并对"年龄"字段进行分组，如图 7.25 所示。

图 7.25　对年龄进行分组设置

②"指标"窗口中的"记录数"代表会员数，将"记录数"字段拖放到"纵轴"，生成基本的柱形图。

③ 将"维度"窗口中的"性别"字段拖放到"图形属性"中的"颜色"标记，生成按年龄分组的堆积柱形图。

④ 最后，在"组件样式"中优化图表，效果如图 7.26 所示。

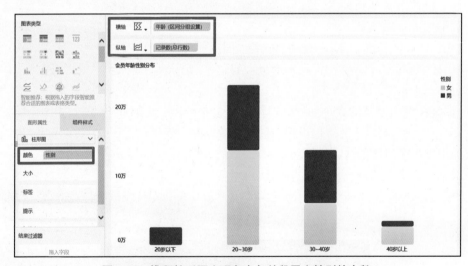

图 7.26　堆积柱形图实现各个年龄段男女性别的人数

从图 7.26 中看到，20～30 岁的会员人数最多，男女性别比例接近。而 20 岁以下的会员以男性为主，40 岁以上的会员以女性为主。

2. 使用环形图分析各活跃等级会员人数

① 连接"会员分析"表，新建组件，将"图表类型"设置为"饼图"。

② 将"维度"窗口中的"会议活跃等级"拖放到"图表属性"中的"颜色"和"标签"标记。

③ 将"指标"窗口中的"记录数"拖放到"图表属性"中的"角度"标记。

④ 最后，在"组件样式"中优化图表，效果如图 7.27 所示。

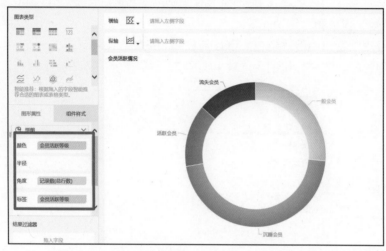

图 7.27　环形图实现会员活跃等级人数的占比情况

从图 7.27 中可以看到，沉睡会员所占比率超过一半，需要通过一些营销策略来激活这些会员。

3. 使用矩形图分析各职业会员分布的人数

① 连接"会员分析"表，新建组件，将"图形属性"中的"图表类型"设置为"矩形块"。

② 将"指标"窗口中的"购买金额"字段拖放到"图表属性"中的"颜色"和"大小"标记。

③ 将"维度"窗口中的"会员职业"字段拖放到"图表属性"中的"标签"标记。

④ 最后，在"组件样式"中优化图表，效果如图 7.28 所示。

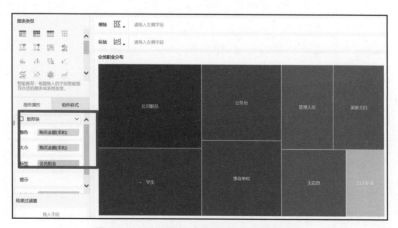

图 7.28　矩形图实现会员职业分布的人数

从图 7.28 中可以看到会员的职业类型主要是公司职员，其次是公务员，自由职业的会员人数最少。

任务 7.3.3　会员行为分析

1. 使用折线图分析各消费时间段会员的消费数量

① 连接"会员分析"表，新建组件，将"图形属性"中的"图表类型"设置为"线"。

② 将"维度"窗口中的"偏好购物时间"拖放到"横轴"，将"指标"窗口中代表会员数的"记录数"拖放到"纵轴"。

③ 将"维度"窗口中的"颜色"字段拖放到"纵轴"。

④ 在"组件样式"中优化图表，效果如图 7.29 所示。

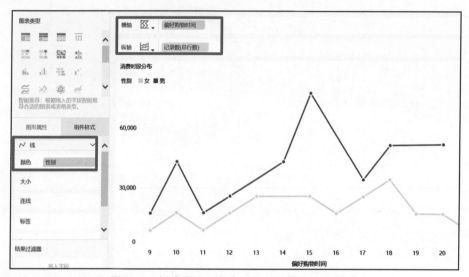

图 7.29　折线图实现各个时间段消费的数量情况

从图 7.29 中可以看到，每天的下午 3 点（即 15:00 点）是购物的高峰时间，其次是上午的 10 点。

2. 使用柱形图分析会员最喜欢品牌的销售额

① 连接"会员分析"表，新建组件，将"维度"窗口中的"品牌名"拖放到"纵轴"，将"指标"窗口中的"购买数量"拖放到"横轴"。

② 将"品牌名"按购买数量进行降序排序。单击"纵轴"中的"品牌名"字段边的小三角，在弹出的菜单中选择"降序"→"购买数量（求和）"，并对"品牌名"进行筛选，筛选设置如图 7.30 所示。

图 7.30　对品牌设置筛选的条件

③ 最后，在"组件样式"中优化图表，效果如图 7.31 所示。

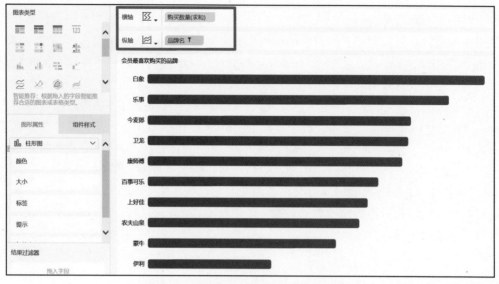

图 7.31　柱形图实现会员最喜欢购买品牌

从图 7.31 中可以看到会员最喜欢购买的品牌是白象、乐事等品牌，都属于零食类品牌。

3. 使用词云分析会员最喜欢品类的销售额

① 连接"会员分析"表，新建组件，将"图形属性"中的"图表类型"设置为"文本"。

② 将"指标"窗口中的"购买数量"拖放到"图形属性"中的"颜色"和"大小"标记。

③ 将"维度"窗口中的"大类"字段拖放到"图形属性"中的"文本"标记。

④ 最后，在"组件样式"中优化图表，效果如图 7.32 所示。

图 7.32　词云实现会员最喜欢购买的品类

从图 7.32 中可以看到会员最喜欢购买的商品品类是进口食品，占据较大的比例。

【归纳总结】

本任务主要对会员进行分析。任务 7.3.1 对会员总数、消费额、消费数量、新增会员数等关键指标进行分析，我们看到目前门店的会员人数达 10000 人，消费金额达到 2750523 元，消费数量为 54329 次，新增会员人数为 199 人。新增会员人数还是比较少的，经营者需要考虑如何采取有效的策略吸引顾客注册为本店会员，从而留住老顾客。

任务 7.3.2 对各年龄段各性别的会员人数、活跃等级会员人数、各职业会员分布的人数进行了分析。从图表中我们看到会员年龄段主要集中在 20～30 岁，目前沉睡会员占据了会员人数的一大半。会员的职业中公司职员和公务员排在前两位。会员年龄段和职业分布还是比较单一的，是否应该补充商品类别，吸引更多年龄层和职业的顾客。

任务 7.3.3 分析了各消费时间段会员的消费数量、最喜欢品牌和品类的销售额。从图中我们看到会员们每天购物的高峰时间是在下午的三点，最爱的品牌有白象、乐事等，而最喜欢的商品类别为进口食品。

通过本任务对会员情况的分析，为门店经营者对会员的管理和商品的调整提供一些参考依据。

能力拓展训练

【训练目标】

1. 能够针对具体的业务需求选择恰当的可视化图表。
2. 能够使用 FineBI 工具实现零售业可视化分析。
3. 能够根据可视化分析结果为企业提供经营决策。

【具体要求】

优质的、有价值的活动运营方案能够严格的落地执行并且助力业绩提高，活动中实时数据监控及有效数据反馈可以对活动计划执行和快速解决其中问题提供重要保障。当业务人员辛辛苦苦策划并举办了一场促销活动，活动的效果如何追踪，又该如何改进呢？过去，活动的效果只能通过销售额等基础指标进行判断，无法通过更加精细化的指标进行分析，也无法解决以下问题：

1. 活动效果究竟好不好？活动的转化率为多少？对品牌知名度的提升有多大？
2. 活动对不同地区消费者的影响是否一样？不同类型的消费者分别偏好哪种活动？
3. 哪些区域、门店的效果较好，哪些又较差？效果不好的原因是什么？该如何改进？

因此，我们需要对活动效果、转化率进行统计，并利用 OLAP 多维分析与钻取联动等功能，总结活动在不同维度下的效果。

现有一份某商品 5 周年庆活动数据，数据源位于教材附赠资源 "chapter7-2 活动数据.xlsx"，请围绕这份数据源，设计仪表板对活动的效果进行综合分析。仪表板设计参考效果如图 7.33 所示。

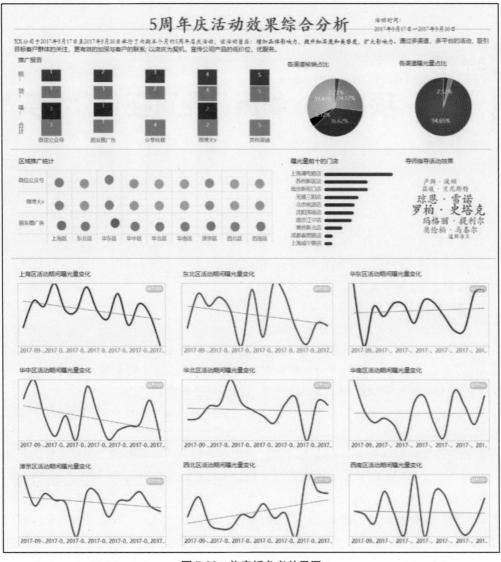

图 7.33　仪表板参考效果图

项目八 物流行业可视化分析实战

【能力目标】

1. 能够针对物流行业的需求设计可视化解决方案。
2. 能够针对具体的业务选择恰当的可视化图表。
3. 能够使用 FineBI 工具实现可视化分析。
4. 能够根据可视化分析结果为企业提供经营决策。

经过多年的迅猛发展，物流行业已成为现代经济的核心之一。国务院印发的《物流业发展中长期规划（2014～2020 年）》明确提出要提高物流效率、降低物流成本。因此，在大数据时代背景下，物流行业必须高度重视数据统计及分析。

所谓物流行业大数据，即运输、仓储、搬运装卸、包装及流通加工等物流环节中涉及的数据、信息等。

对于物流运输管理而言，构建关键指标的物流看板是极为重要的，但是实际上很多数据并没有真正发挥应有的价值。通过数据可视化分析可以聚焦并预判运输与配送各环节中存在的问题，提高效率、减少成本、更有效地满足客户服务要求。

本任务以某快递公司物流数据作为分析对象，从物流的流向和时效两个方面展开可视化分析。

 任务 8.1 物流流向分析

【任务描述】

物流运营过程中，可产生许多和流向有关的问题，如物流的目的地及对应的物流流量分别是多少？流向前 10 的城市分别是哪些？

所以在物流运营分析中，物流流向分析自然是不可或缺的。

【方案设计】

针对以上问题，可通过构建快递流向分析仪表板，选取关键指标进行可视化分析。本例分析问题及指标如表 8.1 所示。

表 8.1 物流流向分析指标

分析主题	分析问题	分析指标	可选图表类型
物流流向分析	物流的目的地分析	流出城市、流入城市、发货件量	地图
	物流流转情况分析	流向城市、发货件量排名、发货占比排名	颜色表格/条形图
	地域分布情况分析	发货城市、收货城市、总件量、已签收、占比	分组表
	KPI 分析	总签收件数、总发货件数、总签收占比	文本

【任务实施】

任务 8.1.1 物流目的地流向分析

物流运营中，为合理安排物流的运输与配送，流向分析及数量统计是十分重要的一环。这一部分，将通过流向地图分析快递的流向分布及对应的物流流量情况。

物流目的地流
向分析
视频讲解

① 新建一个仪表板，单击"添加组件"按钮，选择数据列表中的"快递流向数据"，转到操作界面。

② 将"指标"中的"经度"和"纬度"转换为地理角色中的经度和纬度。

③ 将转换后的经度、纬度指标分别拖曳到"横轴"和"纵轴"，"图形属性"中的"图表类型"改为"线"。

④ 将"指标"中的"件数"分别拖曳到"颜色"和"标签"标记，将"编号"拖曳到"连线"标记，并将"线条类型"改为"曲线"。将"维度"中的"城市""快递路线"字段拖曳到"细粒度"标记。如图 8.1 所示。

⑤ 对"图形属性"下"连线"中的"编号（求和）"，设置特殊显示——闪烁动画，如图 8.2 所示，然后调整颜色、标题等格式。

图 8.1 设置图形属性

图 8.2 设置闪烁动画

任务 8.1.2 物流流转情况分析

物流运营中，为提高运输和配送效率、减少成本、更有效地满足客户服务要求，需要

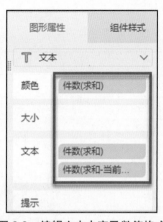

图 8.3 编辑文本内容及数值格式

物流流转情况
分析——物流
流向前 10 城市

按快递量高低的不同，合理安排业务，提高物流流转效率。所以本任务通过分析物流流向前 10 城市、签收前 10 城市来了解物流流转情况。

1. 物流流向前 10 城市

① 在仪表板中单击"添加组件"，选择数据列表中的"快递流向数据"，转到操作界面。

② 将"维度"区域中的"城市"字段拖曳到"纵轴"，将"图形属性"中的"图表类型"改为"文本"，并将"件数"分别拖曳到"颜色"和"文本"标记，如图 8.3 所示。

③ 编辑"图形属性"区的文本，"文本"内容设为快递发货量及占比数据，并将其数值格式修改为"百分比"。

④ 选中"纵轴"中的"城市"，单击旁边的下拉按钮，在弹出的菜单中选择"降序"→"件数（求和）"降序排列，如图 8.4 所示。

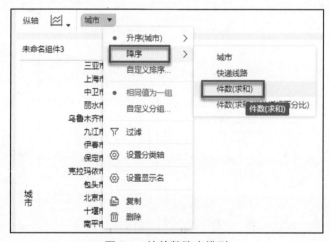

图 8.4 按件数降序排列

⑤ 选中"纵轴"中的"城市"，单击旁边的下拉按钮，在弹出的菜单中选择"过滤"，添加如图 8.5 所示过滤条件。

图 8.5 为城市添加过滤条件

⑥ 调整颜色为"热力 1"，添加标题"流向 TOP10 城市"，将自适应模式改为"整体适应"，效果如图 8.6 所示。

图 8.6　流向 TOP10 城市效果图

2. 签收比例前 10 城市

① 在仪表板中单击"添加组件",选择数据列表中的"快递流向数据",
转到操作界面。

② 在"指标"窗口中增加计算指标"签收比例",其计算公式如图 8.7
所示。③ 将"维度"区域中的"城市"字段拖曳到"纵轴",将指标"签
收比例（聚合）"拖曳到"横轴",自动生成柱形图。

物流流转情况
分析——签收
比例前 10 城市

④ 选中"纵轴"中的"城市",单击旁边的下拉按钮,在弹出的菜单
中选择"降序"→"签收比例（聚合）"降序排列。

图 8.7　添加计算指标"签收比例"

⑤ 选中"纵轴"中的"城市",单击旁边的下拉按钮,在弹出的菜单中选择"过滤",
添加如图 8.8 所示的过滤条件。

图 8.8　添加过滤条件

⑥ 调整格式。将"城市"字段拖曳到"颜色"标记,设置颜色为"柔彩";将"签收
比例（聚合）"拖曳到"标签"标记,并将其数值格式修改为"百分比";选择"图形属性"
中的"大小"标记,设置柱宽、圆角参数,如图 8.9 所示,最终效果如图 8.10 所示。

图 8.9　调整格式

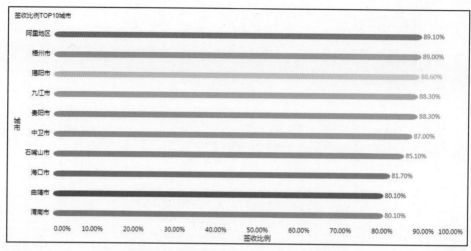

图 8.10 "签收比例 TOP10 城市"效果图

任务 8.1.3 地域分布情况分析

地域分布情况
分析视频讲解

如何从全局了解全国快递区域的具体情况，从而判断哪些城市在物流配送环节存在问题呢？可通过制作快递流向明细表，将所需了解的内容一一呈现出来，并对达标情况用不同形状予以标注，以达到直观显示的效果。

① 在仪表板中单击"添加组件"，选择数据列表中的"流入城市"数据，转到操作界面。

② 在"指标"区域中增加计算指标"比例"，其计算公式如图 8.11 所示。

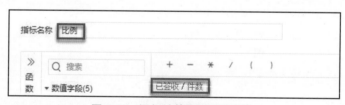

图 8.11 添加计算指标"比例"

③ 在"图表类型"中选择"明细表"，将"流出城市—城市""城市""件数""已签收""比例"字段拖入到"数据"区域。为"流出城市—城市"设置显示名为"发货城市"，为"城市"设置显示名为"收货城市"，将"比例"的数值格式改为"百分比"。

④ 将"比例"拖入"表格属性"中的"形状"标记，并按图 8.12 所示进行设置，添加标题后，效果如图 8.13 所示。

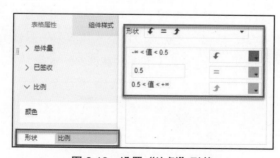

图 8.12 设置"比例"形状

序号	发货城市 ▼	收货城市 ▼	件数 ▼	已签收 ▼	比例(%)	
1	北京市	海西蒙古族藏族自治州	156	104.21	67%	↗
2	北京市	阿里地区	274	244.13	89%	↗
3	北京市	三亚市	297	159.49	54%	↗
4	北京市	日喀则地区	298	169.86	57%	↗
5	北京市	娄底市	466	221.35	48%	↘
6	北京市	呼和浩特市	485	360.84	74%	↗
7	北京市	克拉玛依市	493	264.25	54%	↗
8	北京市	伊春市	528	175.82	33%	↘
9	北京市	玉溪市	576	361.73	63%	↗
10	北京市	拉萨市	596	224.69	38%	↘
11	北京市	鞍山市	597	179.1	30%	↘
12	北京市	哈密地区	658	457.97	70%	↗
13	北京市	乌鲁木齐市	667	266.13	40%	↘

共 61 条数据

图 8.13　区域分布明细效果图

任务 8.1.4　物流流向分析仪表板

上述环节完成后，仪表板已基本生成。为使关键信息更醒目，可在仪表板上添加总发货件数、总签收件数、签收总占比等关键指标卡。这三个指标卡设置步骤相似，下面以总发货件数为例，阐述实现过程。

① 在仪表板中单击"添加组件"，选择数据列表中的"快递流向数据"，转到操作界面。在"图表属性"中设置"图表类型"为"文本"，将指标"件数（求和）"拖入"文本"标记，并编辑文本，如图 8.14 所示，生成如图 8.15 所示组件。

图 8.14　编辑总发货件数文本内容

图 8.15　总发货件数 KPI 卡效果图

② 按照以上步骤，依次创建总签收件数、签收总占比指标卡，如图 8.16、图 8.17 所示。

③ 进入仪表板，添加"文本"组件，并拖放到仪表板的最上方，编辑内容为：北京市XX 快递流向分析。

④ 选择指标卡右侧的下拉菜单，单击"悬浮"，并拖放到"文本"组件右侧位置，适当调整各组件大小，即可生成仪表板。

总签收件数
119,135.15

图 8.16 总签收件数 KPI 效果图

签收总占比
60.02%

图 8.17 签收总占比 KPI 卡效果图

【归纳总结】

本可视化方案通过制作物流流向仪表板，直观显示了北京市某快递公司物流流向情况。

任务 8.1.1 中采用流向地图分析了快递的目的地流向情况，结果显示该快递公司从北京发出的快递流向全国各地。

任务 8.1.2 中采用文本和条形图分析了物流流转情况，结果显示杭州、上海、焦作为主要流向城市，签收比例最高的则是阿里地区。

任务 8.1.3 采用明细表从全局了解全国快递区域的具体情况，将所需了解的内容一一呈现出来，并对达标情况用不同形状予以标注，达到了直观显示的效果。结果显示发往娄底、伊春、拉萨、乌鲁木齐等市的快递签收比例相比其他地区较低。

任务 8.1.4 则将上述图表进行整合，并添加了关键指标卡，实现了任务 8.1 仪表板。从结果可知，该快递公司对发往西北地区的快递流转需要重点关注。

 # 任务 8.2　物流时效分析

【任务描述】

对于物流企业而言，时效的重要性不言而喻。因此物流时效分析同样也是物流看板的重要组成部分。通过时效分析，物流企业可以清晰地了解哪些省份物流时效最高，哪些省份物流时效较低。物流时效较低的省份分别有什么特征？不同大区是否有明显的物流时效差异，是否和地区基础物流建设水平有关？同城配送平均时长超过三天的有哪些地区，分别是什么因素导致的，如何改进？

【方案设计】

整合相关物流系统的快递时效数据，结合问题背景，可从表 8.2 所示角度进行可视化分析。

表 8.2 物流时效分析指标

分析主题	分析问题	分析指标	可选图表
物流时效分析	收货省份物流时效分析	省份、发货件数、平均配送时长	地图
		发货省份、收货省份、时效、件量、签收量	分组表
	区域间物流时效分析	大区、平均配送时长	雷达图
	同城物流时效分析	省份、件量、平均配送时长	组合图
	各省份配送时效明细，如平均配送时长、0.5 天/1 天/2 天/3 天/3 天以上配送情况等	发货省份、收货省份 已签收件量 平均配送时长 0.5 天/1 天/2 天/3 天/3 天以上到货量	明细表

【任务实施】

任务 8.2.1 收货省份时效分析

物流企业如何清晰地了解哪些省份物流时效最高，哪些省份物流时效较低呢？可从全国视角展开对收货省份平均配送时长的分析，此处选择地图予以实现。

收货省份时效
分析视频讲解

① 新建仪表板，添加组件，选择数据列表中的"快递时效数据"，转到操作界面。

② 单击"维度"窗口的"收货省份"右侧下拉按钮，选择"地理角色（无）"→"省/市/自治区"，如图 8.18 所示。

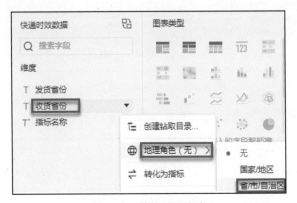

图 8.18 转换地理角色

③ 将自动生成的经、纬度分别拖入"横轴"和"纵轴"，在"图表属性"中将"图表类型"设为"点"，生成初始地图。

④ 将"件数（求和）"拖入"颜色"标记，颜色选择"夕照"。

⑤ 将"平均配送时长"拖入"大小"标记，调整半径，以点的大小映射配送时长的长短。同时添加"闪烁动画"，凸显配送时长前 3 的省份，设置如图 8.19 所示。

⑥ 在组件样式中，添加标题"各省平均配送时长"，地图背景选择素雅。

根据生成的效果图可知平均配送时长前 3 的分别是台湾、云南、黑龙江，而江浙沪地区配送时长普遍较低。

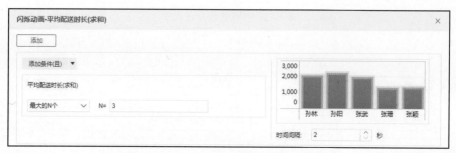

图 8.19 对"平均配送时长"添加闪烁动画

任务 8.2.2 各省物流发货速度分析

各省物流发货
速度分析
视频讲解

如何了解哪些省市发货速度快，哪些速度慢？其原因是什么呢？可对全国各省市物流发货速度进行分析，查看平均配送时长排名前 10 名省市的详细情况，此处选择明细表实现。

① 在仪表板中单击"添加组件"，选择数据列表中的"快递时效数据"，转到操作界面。

② 选择"图表类型"为"明细表"，将"发货省份""收货省份""平均配送时长""件量""已签收"等字段拖入数据区域。"平均配送时长"设置显示名"时效"，"已签收"设置显示名"签收量"。

③ 单击表头"时效"右侧的下拉按钮，在弹出的菜单中选择"升序"排序。再对"时效"进行"明细过滤"，添加过滤条件如图 8.20 所示。

图 8.20 为时效添加过滤条件

④ 添加标题，调整明细表格式，效果如图 8.21 所示。

时效TOP10省份

序号	发货省份	收货省份	时效	件量	签收量
1	重庆市	吉林省	12.01	780	484
2	海南省	甘肃省	12.19	430	344
3	河南省	浙江省	12.24	785	644
4	河北省	江西省	12.27	34	22
5	贵州省	天津市	12.33	942	612
6	浙江省	河南省	12.34	843	717
7	内蒙古自治区	山东省	12.38	898	620
8	青海省	湖南省	12.38	261	144
9	湖北省	江西省	12.39	147	115
10	西藏自治区	宁夏回族自治区	12.48	968	745

图 8.21 时效 TOP10 省份效果图

任务 8.2.3 区域间配送时长情况分析

不同区域间是否存在明显的物流时效差异？与哪些因素有关？可对各区域之间物流时效进行对比，此处采用雷达图实现。

区域间配送时长情况分析视频讲解

① 在仪表板中单击"添加组件"，选择数据列表中的"快递时效数据"，转到操作界面。

② 将"收货省份"拖入"横轴"，单击右侧的下拉按钮，在弹出的菜单中选择"自定义分组"，将所有省份按照东北、华东、华北、华南、西南、西北六个大区进行划分，将显示名设置为"大区"，如图 8.22 所示。

图 8.22 按区域分组

③ 将"平均配送时间（求平均）"拖入"横轴"，在"图形属性"中设置"图表类型"为"线"。

④ 将"平均配送时间（求平均）"拖入"颜色"和"标签"标记，颜色类型选择"炫彩"。

⑤ 单击"图形属性"中"连线"空白区域，在弹出的设置界面中勾选"转换为雷达图"复选框，如图 8.23 所示。

图 8.23 转换为雷达图

⑥ 调整格式：单击"纵轴"中的"平均配送时间（求平均）"右侧的下拉按钮，在弹出的菜单中选择"设置值轴"，在打开的界面中选择"不显示轴标签"选项；在"组件样式"中添加标题，并选择不显示图例、轴线、网格线等。效果如图 8.24 所示。

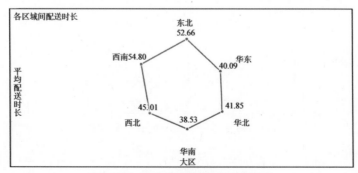

图 8.24 各区域间配送时长效果图

任务 8.2.4　同城配送情况分析

同城配送情况
分析视频讲解

哪些省份同城配送平均时长超过3天？它们有何特点？是什么因素导致的？这是物流运营中需要重视的问题，可通过生成柱形图并添加警戒线来进行直观呈现。

① 在仪表板中单击"添加组件"，选择数据列表中的"同城快递时效数据"，转到操作界面。

② 将"收货省份"拖入"横轴"，将"件量（求和）""平均配送时长（求平均）"拖入"纵轴"，生成初始柱形图。

③ 分别单击"纵轴"中的"件量（求和）""平均配送时间（求平均）"右侧的下拉按钮，在弹出的菜单中选择"设置值轴"，分别按图 8.25 和图 8.26 所示设置左值轴和右值轴。

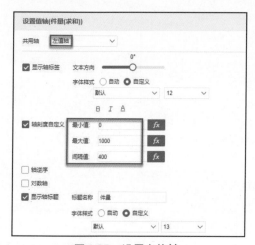

图 8.25　设置左值轴

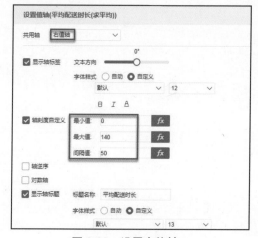

图 8.26　设置右值轴

④ 单击"横轴"中"收货省份"右侧的下拉按钮，在弹出的菜单中选择"降序"→"件数（求和）"降序排列。

⑤ 在"图形属性"中选择"平均配送时长（求平均）"，设置其"图表类型"为"线"，颜色为黄色，连线"线型"为曲线，"标记点"设为"无"，即不显示节点，如图 8.27 所示。

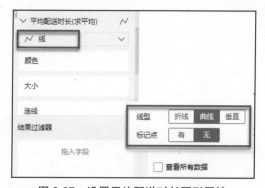

图 8.27　设置平均配送时长图形属性

⑥ 单击"平均配送时长（求平均）"右侧的下拉按钮，在弹出的菜单中选择"分析线"，添加平均配送时长超过 3 天即 72 小时的警戒线，如图 8.28 所示，效果如图 8.29 所示。

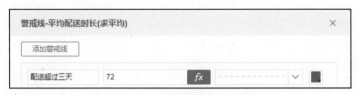

图 8.28 设置平均配送时长警戒线

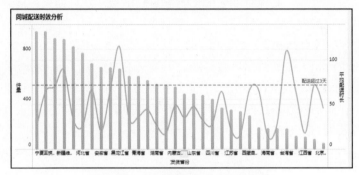

图 8.29 同城配送时效分析效果图

由图 8.29 可知，黑龙江省和台湾省平均配送时长都远超 3 天，其中缘由值得分析并加以改进。

【归纳总结】

本可视化方案通过制作物流时效分析仪表板，对北京某物流公司各省市的配送时效进行了对比分析。

任务 8.2.1 中采用符号地图并辅以闪烁动画等方式对各省份收货时效进行了分析，发现平均配送时长排名前 3 的分别是台湾、云南、黑龙江，而江浙沪地区配送时长普遍较低。这可能与各省所处地理位置及基础设施密切相关。

任务 8.2.2 中采用明细表分析了各省物流发货速度，通过排序操作发现，重庆市发往吉林省的速度最快。

任务 8.2.3 中采用雷达图分析了不同区域的物流时效差异。

任务 8.2.4 中采用柱形图辅以警戒线分析了同城配送平均时长超过 3 天的省份，发现黑龙江省、台湾省同城平均配送时长远超 3 天。

从以上分析可见，黑龙江省、台湾省无论是收货时效还是同城配送时效均落后于其他地区，情况非常不理想，需要物流企业经营者加以注意。

能力拓展训练

【训练目标】

1. 能够根据具体的业务需求恰当的可视化图表。
2. 能够使用 FineBI 实现物流行业可视化分析。

3. 能够根据可视化分析结果为企业经营提供经营决策。

【具体要求】

物流企业是盈利性的组织，保持盈利并不断创造更多的利润是每个物流企业最终追求的目标。随着经济的发展，物流行业之间的竞争日趋激烈，随之而来的问题是提高盈利能力变得越来越具有挑战性。在这种环境下，企业要生存并盈利，就需要学会如何进行盈利能力分析。

现有某物流企业相关盈利数据，数据源位于教材附赠资源"charpter8-4 物流盈利分析数据.xlsx"。请针对这份数据完成该物流企业盈利能力相关指标的分析，以此更全面地了解公司发展过程中存在的问题，进而给公司未来的发展提供一些可参考的意见。

仪表板参考效果如图 8.30 所示。

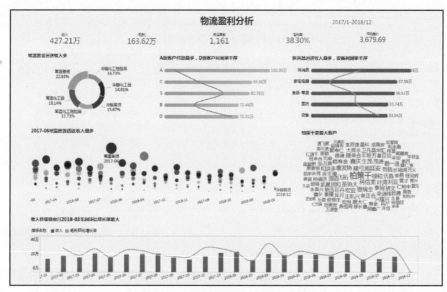

图 8.30　物流盈利分析参考仪表板

项目九　金融行业可视化分析实战

【能力目标】

1. 能够针对金融行业的需求设计可视化分析方案。
2. 能够针对具体的业务需求选择恰当的可视化图表。
3. 能够使用 FineBI 工具实现金融行业可视化分析。
4. 能够根据可视化分析结果为企业提供经营决策。

近年来，我国金融科技快速发展，在多个领域已经走在世界前列。大数据、人工智能、云计算、移动互联网等技术与金融业务深度融合，大大推动了我国金融业转型升级，助力金融更好地服务实体经济，有效促进了金融业的整体发展。在这一发展过程中，又以大数据技术发展最为成熟、应用最为广泛。从发展特点和趋势来看，"金融云"快速建设落地奠定了金融大数据的应用基础，金融数据与其他跨领域数据的融合应用不断强化，人工智能正在成为金融大数据应用的新方向，金融行业数据的整合、共享和开放正在成为趋势，给金融行业带来了新的发展机遇和巨大的发展动力。

但是，国际金融服务商摩根士丹利公司的研究报告显示，金融服务业的数字化指数并不高。在数字化进程中，在数据应用管理、业务场景融合、标准统一、顶层设计等方面存在的瓶颈也有待突破，主要体现为数据资产管理水平仍待提高、应用技术和业务探索仍需突破、顶层设计和扶持政策还需强化。

本项目针对金融服务数据分析存在的一些问题，从风险分析、效益分析、资产负债分析、股票走势分析等几个方面，使用 FineBI 探索金融服务行业可视化解决方案，利用 FineBI 的丰富可视化组件进行可视化分析。

 ## 任务 9.1　风险分析

【任务描述】

目前许多银行已经拥有了不少分散的业务系统，但在系统对接、数据互通，以及分析指标方面还存在不少问题，比如无法实现风险类型的全覆盖，无法实现风险指标的逐日监控，风险数据的分析不够科学等问题。为了解决存在的问题，需要银行管理人员对以下问题进行分析并给出解决方案：

  （1）银行的主要风险指标有哪些？

  （2）贷款的不良率指标情况如何？

  （3）贷款的五级分类情况如何？

【方案设计】

  针对以上问题，利用 FineBI 的自助分析与简便易上手的可视化组件，制作对应业务方向的风险分析仪表板，真正实现数据驱动业务。最终形成的分析模块如表 9.1 所示。

表 9.1 风险数据分析模块

分析模块	分析问题	选用图表类型
风险指标分析	不良贷款余额/完成率	明细表
	季度风险指标	折线图
	存贷比	柱形图
	比计划	条形图
贷款不良率分析	不良率指标条线分析	仪表盘
	不良率指标预警分析	组合图
贷款五级分类情况	五级分类汇总分析	分组表
	五级分类占比分析	饼图

  根据表 9.1 的分析模块，我们可将分析的问题分解成 3 个子任务，分别是风险指标分析、贷款不良率分析和贷款五级分类分析，并形成如图 9.1 所示的仪表板。

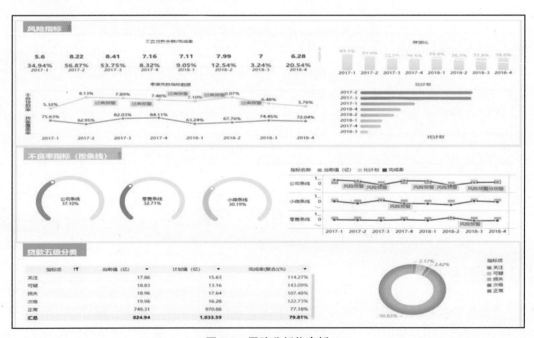

图 9.1 风险分析仪表板

【任务实施】

任务 9.1.1　风险指标分析

本任务从不良贷款余额/完成率、季度风险指标、存贷比、比计划几个方面进行风险指标分析。

1. 采用明细表分析不良贷款余额/完成率

采用明细表分析不良贷款余额/完成率视频讲解

不良贷款是指在评估银行贷款质量时，把贷款按风险基础分为正常、关注、次级、可疑和损失五类，其中后三类合称为不良贷款。

① 新建一个仪表板，取名“风险指标分析”，单击“添加组件”，选择“数据准备”→“行业数据”→“金融服务”→“贷款风险数据”数据源，转到操作界面。

② 为“指标”窗口中的“当前值（亿）”添加过滤条件，如图 9.2 所示，并为“指标”窗口中的“预算值（亿）”添加同样的过滤条件。

为当前值（亿）添加过滤条件
添加条件(且)
添加公式(且)
指标项
属于
可疑,损失,次级
3

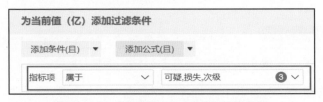

图 9.2　为“当前值（亿）“添加过滤条件

③ 在“指标“窗口中添加计算指标“完成率”，计算公式如图 9.3 所示。

指标名称
完成率
函数
搜索
数值字段(3)
+ − * / ( )
SUM_AGG(当前值（亿）)/SUM_AGG(预算值（亿）)-1

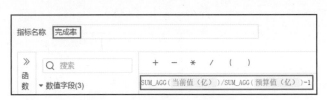

图 9.3　“完成率”计算公式

④ 将“维度”窗口中的“时间”字段拖放到“横轴”，并将日期格式改为“年季度”。然后在“图形属性”中将“图表类型”设置为“文本”，并把“指标”窗口中的“当前值（亿）”和“完成率”拖放到“文本”标记中。

⑤ 设置“文本”标记的内容格式，并设置“文本”标记中“完成率”的“数值格式”为“百分比”，小数位数为“2”，然后在“组件样式”中设置图表的标题等相关属性，最终的图表效果如图 9.4 所示。

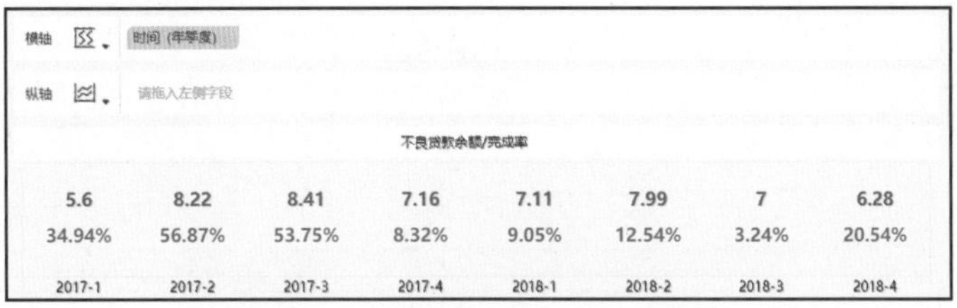

横轴
时间 (年季度)
纵轴
请拖入左侧字段
不良贷款余额/完成率
5.6
34.94%
2017-1
8.22
56.87%
2017-2
8.41
53.75%
2017-3
7.16
8.32%
2017-4
7.11
9.05%
2018-1
7.99
12.54%
2018-2
7
3.24%
2018-3
6.28
20.54%
2018-4

图 9.4　不良贷款余额/完成率图表

根据分析结果可以看出，2017 年 1 到 3 季度不良贷款的完成率处于较高水平，需要加以控制，降低风险水平。

2. 采用折线图分析季度风险指标

可以从不良贷款率和拨备覆盖率两个方面分析季度风险指标。其中不良贷款率指的是金融机构不良贷款占总贷款余额的比重；拨备覆盖率是实际上银行贷款可能发生的呆、坏账准备金的使用比率，它是衡量商业银行贷款损失准备金计提是否充足的一个重要指标。

① 依次选择"数据准备"→"行业数据"→"金融服务"→"贷款风险数据"数据源，生成自助数据集"不良贷款数据"，如图 9.5 所示。

图 9.5 生成"不良贷款数据"自助数据集

② 在仪表板中单击"添加组件"，选择数据列表中的"不良贷款数据"，转到操作界面。

③ 根据"指标"窗口中的"当前值（亿）"字段，通过设置过滤条件，生成新的指标字段"次级类"、"可疑类"、"损失类"、"关注类"和"不良贷款值"，其中"次级类"和"不良贷款值"过滤条件的设置分别如图 9.6 和图 9.7 所示。

图 9.6 为"次级类"添加过滤条件

图 9.7 为"不良贷款值"添加过滤条件

④ 在"指标"窗口添加计算指标"一般损失准备金"、"贷款损失准备"、"不良贷款率"和"拨备覆盖率"，计算公式如图 9.8～图 9.11 所示。

图 9.8 "一般损失准备金"计算公式

图 9.9 "贷款损失准备"计算公式

图 9.10　"不良贷款率"计算公式

图 9.11　"拨备覆盖率"计算公式

⑤ 将"维度"窗口中的"时间"字段拖放到"横轴",并将日期格式改为"年季度",将"指标"窗口中的"不良贷款率"和"拨备覆盖率"拖放到"纵轴",并设置为"指标并列",然后将"图表类型"设置为"线"。

⑥ 设置"不良率贷款（聚合）"和"拨备覆盖率（聚合）"轴刻度,如图 9.12 所示。

图 9.12　设置值轴

⑦ 在"图形属性"中设置"颜色""标签""注释"等参数,并在"组件样式"中进行相关设置,得到如图 9.13 所示的图表。

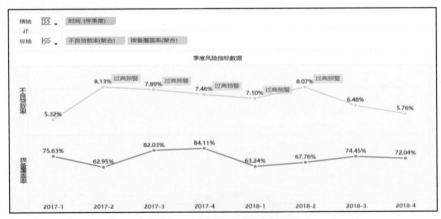

图 9.13　季度风险指标图表

从分析结果看,2017 年第 2 季度到 2018 年第 2 季度的不良贷款率处于较高状态,风险等级较高。

3. 采用柱形图按季度分析存贷比

存贷比指的是贷款总额与存款综合的比值，用于度量银行的盈利能力。

采用折线图分析季度风险指标视频讲解（图表生成）

① 在仪表板中单击"添加组件"，依次选择"数据准备"→"行业数据"→"金融服务"→"贷款风险数据"数据源，转到操作界面。

② 根据"指标"窗口中的"当前值（亿）"字段，通过添加过滤条件，生成新的指标字段"存款总额"和"贷款总额"，过滤条件如图 9.14 所示。

图 9.14　添加过滤条件

③ 在"指标"窗口中添加计算指标"存贷比"，计算公式如图 9.15 所示。

图 9.15　"存贷比"计算公式

④ 将"维度"窗口中的"时间"字段拖放到"横轴"，并将日期格式改为"年季度"，将"指标"窗口中的"存贷比"拖放到"纵轴"，为"存贷比（聚合）"设置"轴刻度"，"最小值"、"最大值"和"间隔值"分别设置为 0.2、1 和 0.2。

⑤ 在"图形属性"中设置"颜色""大小""标签"等参数，并在"组件样式"中进行相关设置，得到如图 9.16 所示的图表。

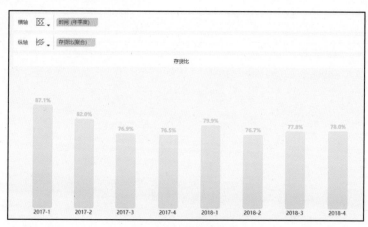

图 9.16　存贷比图表

4. 采用条形图按季度分析比计划

比计划通过银行"不良贷款当前值"与"指标值"的差值，来反映银行的贷款风险状况。

① 在仪表板中单击"添加组件"，依次选择"数据准备"→"行业数据"→"金融服务"→"贷款风险数据"数据源，转到操作界面。

② 根据"指标"窗口中的"当前值（亿）"字段，通过设置过滤条件，设置指标项为"可疑、损失、次级"，并在"指标"窗口中添加计算指标"比计划"，计算公式如图 9.17 所示。

图 9.17　"比计划"计算公式

③ 将"维度"窗口中的"时间"字段拖放到"纵轴"，并将日期格式改为"年季度"，将"指标"区域中的"比计划"拖放到"横轴"，为"时间（年季度）"字段按"比计划（聚合）"的值降序排序，并给图表设置"颜色""大小"等参数，得到如图 9.18 所示的图表。

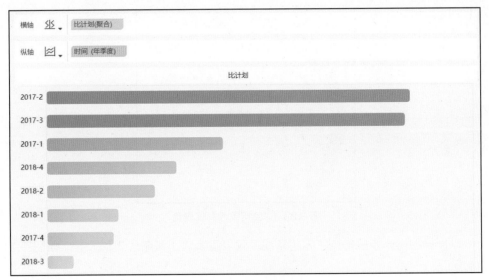

图 9.18　比计划图表

任务 9.1.2　贷款不良率分析

本任务按条线从不良率指标和不良率风险预警几个方面进行贷款不良率分析。

1. 采用仪表盘按条线分析不良率指标

① 依次选择"数据准备"→"行业数据"→"金融服务"→"贷款风险数据"数据源，转到操作界面。

② 根据"指标"窗口中的"当前值（亿）"字段，通过设置过滤条件，生成新的指标字段"条线总值"，过滤条件如图 9.19 所示。

③ 为"指标"窗口中的"当前值（亿）"添加过滤条件，如图 9.20 所示。

采用仪表盘按
条线分析不良
率指标
视频讲解

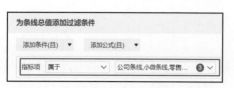

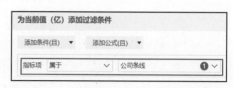

图 9.19　为"条线总值"添加过滤条件　　　　图 9.20　为"当前值（亿）"添加过滤条件

④ 在"指标"窗口中添加计算指标"公司条线百分比"，计算公式如图 9.21 所示。

图 9.21　"公司条线百分比"计算公式

⑤ 在"图形属性"中将"图表类型"设置为"仪表盘"，设置"指针值"为"公司条线百分比"，"目标值"为 1，并设置"颜色"和"标签"参数，得到如图 9.22 所示的图表。

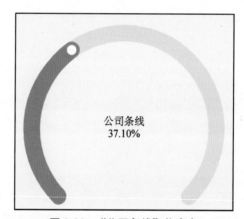

图 9.22　"公司条线"仪表盘

⑥ 以同样的操作步骤得到"零售条线"仪表盘和"小微条线"仪表盘，如图 9.23 和图 9.24 所示。

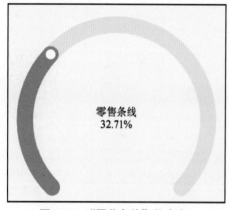

图 9.23　"零售条线"仪表盘

图 9.24　"小微条线"仪表盘

2. 采用组合图进行不良率风险预警分析

采用组合图进行不良率风险预警分析视频讲解

① 依次选择"数据准备"→"行业数据"→"金融服务"→"贷款风险数据"数据源，转到操作界面。

② 在"指标"窗口中添加计算指标"完成率"和"比计划"，"完成率"计算公式为"SUM_AGG（当前值（亿））/SUM_AGG（预算值（亿））"，"比计划"计算公式见图9.17。

③ 将"维度"窗口中的"时间"字段拖放到"横轴"，并将日期格式改为"年季度"，然后将"维度"窗口中的"指标项"拖放到"纵轴"，并设置过滤条件为"公司条线，小微条线，零售条线"。

④ 将"指标"窗口中的"当前值（亿）"、"比计划"和"完成率"三个字段拖放到"纵轴"，分别单击纵轴中"当前值（亿）（求和）"和"比计划（聚合）"右侧的三角图标，设置"开启堆积"为选中状态，并设置"纵轴"中"完成率（聚合）"的值轴为"右值轴"，然后在"图形属性"中设置"完成率（聚合）"的"图表类型"为"线"。

⑤ 单击纵轴中"完成率（聚合）"右侧的三角图标，选择"特殊显示"→"注释"，按图9.25所示设置注释。

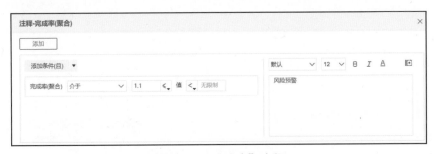

图 9.25 "完成率"注释

⑥ 在"图形属性"中设置"颜色"和"大小"参数，并在"组件样式"中进行相关设置，得到如图9.26所示的图表。

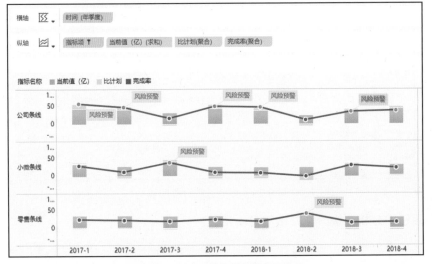

图 9.26 不良率风险预警分析图表

任务 9.1.3　贷款五级分类情况分析

本任务从贷款五级分类汇总和每种分类占比两个角度进行可视化分析。

采用明细表
进行五级分类
汇总分析
视频讲解

1. 采用明细表进行五级分类汇总分析

① 依次选择"数据准备"→"行业数据"→"金融服务"→"贷款风险数据"数据源，转到操作界面。

② 在"指标"窗口中添加计算指标"完成率"，"完成率"计算公式为"SUM_AGG（当前值（亿））/SUM_AGG（预算值（亿））"。

③ 设置"图表类型"为"分组表"，并按图 9.27 所示设置"维度"和"指标"，并为"指标项"设定过滤条件为"关注，可疑，损失，次级，正常"。

图 9.27　设置图表类型

④ 在"表格属性"中按图 9.28 所示为"完成率（聚合）"设置"颜色"参数。

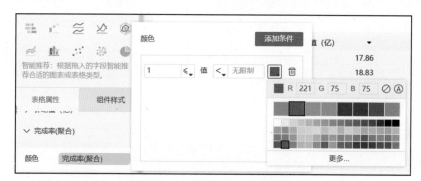

图 9.28　"完成率"颜色设置

⑤ 在"组件样式"中进行相关设置，得到如图 9.29 所示的图表。

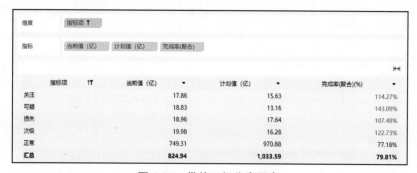

指标项	当前值（亿）	计划值（亿）	完成率(聚合)(%)
关注	17.86	15.63	114.27%
可疑	18.83	13.16	143.09%
损失	18.96	17.64	107.48%
次级	19.98	16.28	122.73%
正常	749.31	970.88	77.18%
汇总	824.94	1,033.59	79.81%

图 9.29　贷款五级分类图表

2. 采用饼图分析五级分类占比情况

① 选择"数据准备"→"行业数据"→"金融服务"→"贷款风险数据"数据源，转到操作界面。

② 为"指标"窗口中的"当前值（亿）"设定过滤条件为"关注，可疑，损失，次级，正常"，并在"指标"窗口添加计算指标"完成率"，计算公式见图 9.3。

③ 在"图表属性"中设置"图表类型"为"饼图"，把"指标项"拖入"颜色"标记并自定义颜色，把"当前值（亿）"拖入"角度"和"标签"标记中，得到如图 9.30 所示的饼图。

采用饼图分析
五级分类占比
情况视频讲解

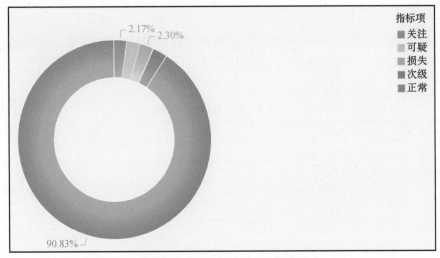

指标项
■ 关注
□ 可疑
■ 损失
■ 次级
■ 正常

2.17%　2.30%

90.83%

图 9.30　五级分类占比分析图表

【归纳总结】

本任务从风险指标、贷款不良率和贷款五级分类几个方面进行了金融行业的风险可视化分析，并将制作的图表整合在一起，呈现了如图 9.1 所示的仪表板。

任务 9.1.1 中，我们采用了明细表、折线图、柱形图和条形图分别分析了不良贷款/余额完成率、季度风险指标、存贷比和计划比。通过分析发现，2017 年 1 到 3 季度不管是不良贷款的完成率还是存贷比和计划比，都处于较高水平，需要加以控制，降低风险水平。

任务 9.1.2 通过仪表盘按条线分析了贷款不良率指标，并通过组合图进行了贷款不良率风险预警分析。通过分析发现，公司条线占比较大，并且一直处于较高的风险预警水平，因此，需要重点关注公司条线的风险水平。

任务 9.1.3 使用明细表和饼图分析了贷款五级分类的汇总和占比情况。其中"可疑"等级占比较大，需要重点关注。

 任务 9.2　效　益　分　析

【任务描述】

目前企业的业务情况数据分析主要存在分析统计工作效率较低、分析结果不能通过平台直观展现等问题。本任务通过对企业效益进行可视化分析，为企业业务情况数据分析提供比较科学的解决方案。本任务主要分析企业以下几个方面的问题：

（1）企业的财务状况如何？

（2）企业的营业收入情况如何？

（3）企业的营业支出情况如何？

【方案设计】

针对以上问题，利用 FineBI 的自助分析与简便易上手的可视化组件，制作对应业务方向的企业效益仪表板，真正实现数据驱动业务。本任务把分析的问题划分为几个模块，如表 9.2 所示。

表 9.2　企业效益分析模块

分析模块	分析问题	选用图表类型
企业财务状况分析	当前净利润	仪表盘
	同比净利润	柱形图
	利润预算完成率	折线图
企业营业收入分析	存贷款利率净收入	面积图
	市场类业务利息净收入	
	中间业务净收入	
企业营业支出分析	营业费用	面积图
	资产减值准备	

本任务分析的仪表板效果图如图 9.31 所示。

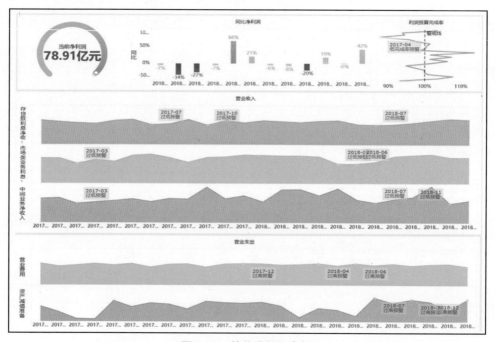

图 9.31　效益分析仪表板

【任务实施】

任务 9.2.1　企业财务状况分析

本任务从企业当前净利润、同比净利润、利润预算完成率等几个方面对企业财务分析。

1. 采用仪表盘分析当前净利润

① 新建一个仪表板，取名"企业效益分析"，单击"添加组件"，依次选择"数据准备"→"行业数据"→"金融服务"→"效益分析数据"数据源，转到操作界面。

② 为"指标"窗口中的"当前值（亿）"添加过滤条件，如图 9.32 所示。

图 9.32　为"当前值（亿）"添加过滤条件

③ 在"图形属性"中选择"图表类型"为"仪表盘"，并拖放"当前值（亿）"到"指针值""颜色""标签"标记中，进行设置，如图 9.33 所示，最终得到如图 9.34 所示的图表。

图 9.33　设置图形属性

图 9.34　"当前净利润"仪表盘

2. 采用柱形图分析同比净利润

① 依次选择"数据准备"→"行业数据"→"金融服务"→"效益分析数据"数据源，转到操作界面。

② 为"指标"窗口中的"当前值（亿）"添加过滤条件为"净利润"。

③ 将"维度"窗口中的"时间"字段拖放到"横轴"，并将日期格式改为"年月"，然后在"横轴"中为"时间"添加过滤条件，过滤条件如图 9.35 所示。

采用柱形图分析同比净利润视频讲解

④ 将"指标"窗口中的"当前值（亿）"拖放到"纵轴"，单击其右侧的下拉按钮，选择"快速计算"→"求同比"→"年"，以按年计算净利润的同比值。

图 9.35　为"时间"添加过滤条件

⑤ 拖放"当前值（亿）"到"颜色""标签"标记中，单击其右侧的下拉按钮，选择"快速计算"→"求同比"→"年"，并设置其"颜色"和"数值格式"参数，如图 9.36 所示。

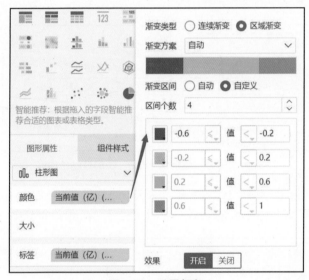

图 9.36　设置颜色

⑥ 在"组件样式"中进行相关设置，得到如图 9.37 所示的图表。根据分析结果可以看出，企业的同比净利润在 2018 年 2 月、3 月和 9 月出现大幅下降。

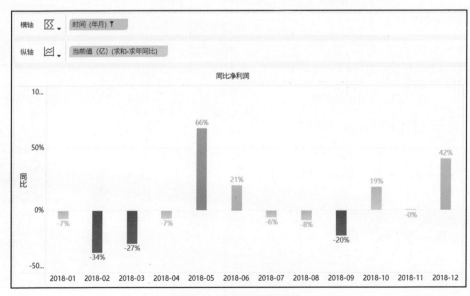

图 9.37　同比净利润图表

采用折线图分析利润预算完成率视频讲解

3. 采用折线图分析利润预算完成率

① 选择"数据准备"→"行业数据"→"金融服务"→"效益分析数据"数据源，转到操作界面。

② 在"指标"窗口中添加计算指标"预算完成率"，计算公式如图9.38所示。

③ 将"维度"窗口中的"时间"字段拖放到纵轴，并将日期格式改为"年月"。

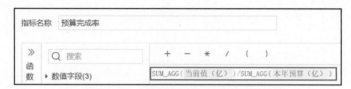

图 9.38　"预算完成率"计算公式

④ 将"指标"窗口中的"预算完成率"字段拖放到"横轴"，单击其右侧的下拉按钮，选择"设置数轴"，相关设置如图9.39所示。

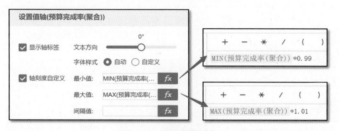

图 9.39　设置值轴

⑤ 单击"横轴"中"预算完成率"右侧的下拉按钮，选择"设置分析线"→"警戒线"，其设置如图9.40所示。

图 9.40　添加警戒线

⑥ 单击"横轴"中"预算完成率"右侧的下拉按钮，选择"特殊提示"→"注释"，其设置如图9.41所示。

图 9.41　"预算完成率"注释

⑦ 单击"横轴"中"预算完成率"右侧的下拉按钮,选择"数值格式",设置数值格式为"百分比",并在"图形属性"中设置线条颜色,得到如图 9.42 所示的图表。

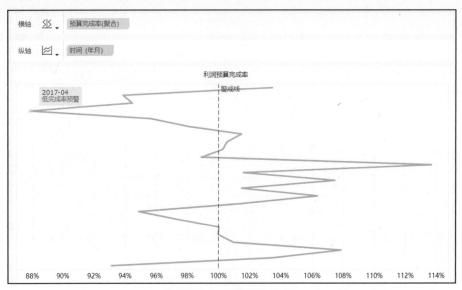

图 9.42　预算完成率图表

任务 9.2.2　企业营业收入分析

企业营业收入
分析视频讲解

本任务从存贷款利息净收入、市场类业务利息净收入和中间业务净收入等几个方面分析企业的营业收入。

① 依次选择"数据准备"→"行业数据"→"金融服务"→"效益分析数据"数据源,转到操作界面。

② 根据"指标"窗口中的"当前值(亿)"字段,通过设置过滤条件,生成新的指标字段"市场类业务利息净收入"和"中间业务净收入",过滤条件如图 9.43 所示。然后为"指标"窗口中的"当前值(亿)"字段设置过滤条件为"存贷款利息净收入"。

图 9.43　添加过滤条件

③ 将"维度"窗口中的"时间"字段拖放到"横轴",并将日期格式改为"年月",将"指标"窗口中的"当前值(亿)""市场类业务利息净收入""中间业务净收入"三个字段拖放到"纵轴",设置"纵轴"为"指标并列",并在"图形属性"中设置"图表类型"为"面积图"。

④ 单击"纵轴"中"当前值(亿)(求和)"右侧的下拉按钮,选择"特殊提示"→"注释",如图 9.44 所示。

以同样的方式为"纵轴"中的"市场类业务利息净收入(求和)""中间业务净收入(求和)"设置注释。

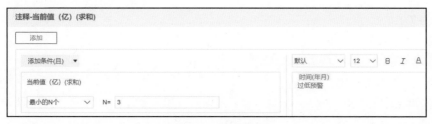

图 9.44　添加注释

⑤ 把"维度"窗口中的"指标名称"拖入"颜色"标记中，设置颜色，最终得到如图 9.45 所示的图表。

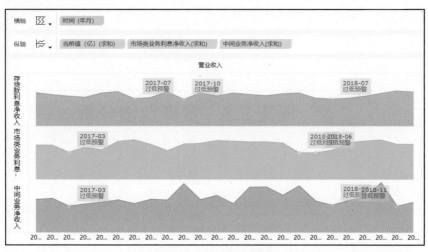

图 9.45　营业收入图表

任务 9.2.3　企业营业支出分析

本任务从营业费用、资产减值准备两个方面分析企业的营业支出。可采用与任务 9.2.2 同样的方式，也就是采用面积图分析企业在营业费用、资产减值准备两个方面的营业支出。实现步骤与任务 9.2.2 雷同，不再累述。最终的效果图如图 9.46 所示。

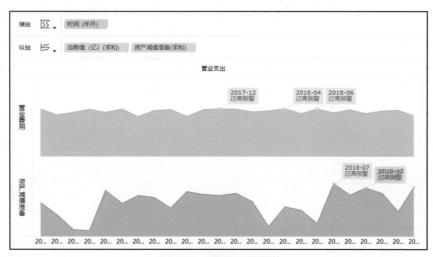

图 9.46　营业支出图表

【归纳总结】

本任务从企业财务状况、企业营业收入和企业营业支出方面对企业的效益进行了分析。任务 9.2.1 中，我们采用仪表盘分析了净利率，并用柱形图对同比净利润进行了分析，最后用折线图分析了利润预算完成率。通过分析，可以看出：企业的同比净利润在 2018 年 2 月、3 月和 9 月出现大幅下降。

任务 9.2.2 中，通过存贷款利息净收入、市场类业务利息净收入和中间业务净收入等方面分析了企业的营业收入。通过分析发现每种类别的净收入都多次出现过低预警的状态。这说明各种净收入随时间变化波动过大，需要结合实际情况关注这种现象。

任务 9.2.3 中，从营业费用、资产减值准备两个方面分析企业的营业支出，发现企业的营业费用从 2017 年年底到 2018 年出现过高预警的状态。由此可见，企业的同比净利率出现下降，其中一部分原因是由企业营业费用过高造成的。

 # 任务 9.3　资产负债分析

【任务描述】

目前企业的资产及负债数据分析主要存在以下的问题：资产负债信息不透明，不能及时了解到风险所在；数据反馈不及时，存在大量的重复性线下工作量，同时会产生手工统计上的偏差。针对这种情况，本任务通过对企业资产负债进行可视化分析，为企业资产负债数据分析提供比较科学的解决方案。本任务主要分析企业的以下几个方面的问题：

（1）企业的资产结构如何？
（2）企业的资产负债情况如何？

【方案设计】

针对以上问题，利用 FineBI 的自助分析与简便易上手的可视化组件，制作对应业务方向的资产负债分析仪表板，真正实现数据驱动业务。本任务设计的分析模块如表 9.3 所示。

表 9.3　资产负债数据分析模块

分析模块	分析问题	选用图表类型
资产结构分析	资产金额 资产结构占比	分组表 饼图
负债及所有者权益分析	负债及所有者权益指标 负债及所有者权益各指标占比	柱形图 矩形图

本节效益分析的仪表板效果图如图 9.47 所示。

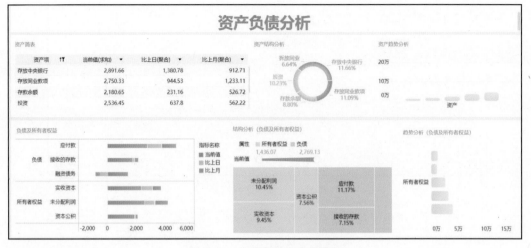

图 9.47　资产负债分析仪表板

【任务实施】

任务 9.3.1　资产结构分析

本任务从资产金额、资产结构占比两个方面对企业的资产情况进行分析。

1. 采用分组表分析资产金额

① 新建一个仪表板，取名"资产负债分析"，单击"添加组件"，选择"数据准备"→"行业数据"→"金融服务"→"资产负债表"数据源，转到操作界面。

② 在"指标"窗口中添加计算指标"比上日"和"比上月"，计算公式如图 9.48 所示。

图 9.48　"比上日"与"比上月"计算公式

③ 将"图表类型"设为"分组表"，并按图 9.49 所示设置"维度"和"指标"，并为"资产项"设定过滤条件为"存放中央银行，存放同业款项，存款余额，投资，拆放同行"。

图 9.49　设置图表类型

④ 在"组件样式"中进行相关设置，得到如图 9.50 所示的图表。

2. 采用饼图分析资产结构占比

① 依次选择"数据准备"→"行业数据"→"金融服务"→"资产负债表"数据源，转到操作界面。

图 9.50　资产余额图表

② 在"图表属性"中设置"图表类型"为"饼图"，把"资产项"拖入"颜色"标记，并为"资产项"设定过滤条件为"存放中央银行，存放同业款项，存款余额，投资，拆放同行"。

③ 把"当前值（求和）"拖入"角度"标记中，并把"资产项"和"当前值（求和）"拖入到"标签"标记中，然后为"资产项"设置和前面一样的过滤条件，得到如图 9.51 所示的饼图。

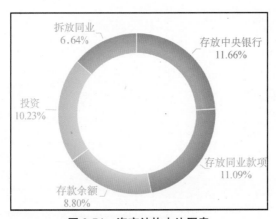

图 9.51　资产结构占比图表

任务 9.3.2　负债及所有者权益分析

本任务从负债及所有者权益指标、负债及所有者权益各指标占比两个方面对企业的资产情况进行分析。

1. 采用柱形图分析负债及所有者权益指标情况

负债包含的指标项有应付款、接收的存款和融资债务；所有者权益包含的指标项有实收资本、未分配利润和资本公积。

① 依次选择"数据准备"→"行业数据"→"金融服务"→"资产负债表"数据源，转到操作界面。

② 在"指标"窗口中添加计算指标"比上日"和"比上月"，计算公式见图 9.48。

③ 将"指标"窗口中的"当前值（求和）""比上日（聚合）""比上月（聚合）"三个字段拖放到"横轴"，分别单击"横轴"中"当前值（求和）"、"比上日（聚合）"和"比上月（聚合）"右侧的下拉按钮，设置"开启堆积"为选中状态。

采用柱形图分析负债及所有者权益指标情况视频讲解

172

④ 将"维度"窗口中的"属性"和"资产项"两个字段拖放到"纵轴"，并为"资产项"添加如图 9.52 所示的过滤条件。

图 9.52　为"资产项"添加过滤条件

⑤ 将"维度"窗口中的"指标名称"拖放到"颜色"标记中，然后在"组件样式"中进行相关设置，得到如图 9.53 所示的图表。

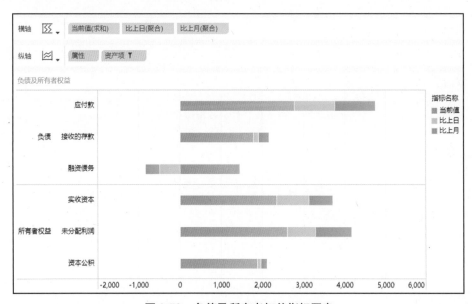

图 9.53　负债及所有者权益指标图表

2. 采用矩形图分析负债及所有者各指标占比

① 依次选择"数据准备"→"行业数据"→"金融服务"→"资产负债表"数据源，转到操作界面。

② 在"图形属性"中设置"图表类型"为"矩形块"，把"维度"窗口中的"属性"字段拖放到"颜色"标记中，为其设置颜色和添加过滤条件，并把"指标"窗口中的"当前值"字段拖放到"大小"标记中，然后把"资产项"和"当前值（求和）"拖放到"标签"标记中，如图 9.54 所示。

采用矩形图分析负债及所有者各指标占比视频讲解

图 9.54　图形属性设置

③ 单击"标签"标记中的"当前值"右侧的下拉按钮,选择"开启堆积"→"当前指标百分比",用于设定每个指标项的占比,并设置"当前值"的数值格式为百分比,得到如图 9.55 所示的图表。

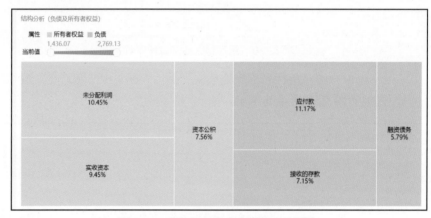

图 9.55　负债及所有者各指标占比图表

【归纳总结】

本任务从资产结构、负债及所有者权益几个方面对企业进行了资产负债分析。

任务 9.3.1 中,通过分组表分析了资产金额,并通过饼图分析了资产结构占比,通过分析发现,存放中央银行、存放同业款项、存款余额、投资和拆放同业几个方面的资产占比差别不大。

任务 9.3.2 中,通过柱形图分析了负债及所有者权益指标,并通过矩形图分析了负债及所有者权益占比。通过分析发现,由于企业资产结构各方面占比合理,因此,负债及所有者权益也处于较为合理的状态。

 # 任务 9.4　股票走势分析

【任务描述】

自 2015 年以来,长久的股市低迷状态被 2019 年开春之后的市场所打破,政策红利持续释放及券商业绩得到了改善。从近期来看，券商行情有望持续推进，从数据体现来看涨幅、交易量、换手率均大幅攀升。2 月中旬各股呈"金叉"态势，随后开启急速攀升模式。

本任务主要从以下两个方面对股票情况进行可视化分析：

（1）股票目前的走势情况如何？

（2）股票的未来趋势如何？

【方案设计】

可以利用 FineBI 连接到 A 股数据库，利用自助数据集进行数据的加工与清洗工作。在前端通过简单的拖曳字段制作 K 线图、词云、时序预测等组件，实现联动、钻取等 OLAP 多维分析功能，针对大盘及各股的数据进行探索性分析。本任务选择的分析维度和模块如表 9.4 所示。

表 9.4 股票走势分析模块

分析模块	分析问题	选用图表类型
股票走势分析	股票日线	柱形图
	移动平均线	折线图
	个股成交量/成交额	柱形图
	个股市值规模	词云图
未来趋势分析	周开盘价	折线图和面积图
	周成交量	

【任务实施】

任务 9.4.1 股票走势分析

本节通过从股票日线、移动平均线、个股成交量/成交额、个股市值规模等几个方面对股票走势情况进行分析。

采用柱形图分析股票日线情况视频讲解

1. 采用柱形图分析股票日线情况

通过日线图，我们能够把每日或某一周期的市况表现完全记录下来，股价经过一段时间的盘档后，在图上即形成一种特殊区域或形态，不同的形态显示出不同意义。

① 依次选择"数据准备"→"行业数据"→"金融服务"→"股票历史数据表"数据源，按图 9.56 所示生成自助数据集"股票历史数据表_自助"。

② 新建一个仪表板，取名"股票走势分析"，单击"添加组件"，依次选择"数据准备"→"行业数据"→"金融服务"→"股票历史数据表_自助"数据源，转到操作界面。

③ 将"维度"窗口中的"日期"字段拖放到"横轴"，将"指标"窗口中的"开盘价"和"成交量"字段拖放到"纵轴"，并设置"纵轴"为"指标并列"。

④ 在"图形属性"中设置"开盘价"的"图表类型"为"矩形块"，把"涨跌额 N（求和）"拖放到"颜色"和"大小"标记中，并设置颜色，如图 9.57 所示。

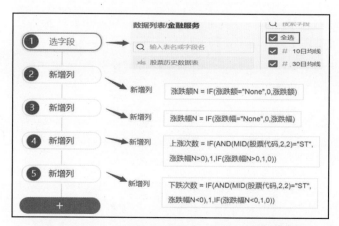

图 9.56　生成"股票历史数据表_自助"自助数据集

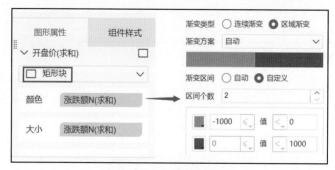

图 9.57　图标属性设置

⑤ 为"纵轴"中的"开盘价（求和）"设置值轴，如图 9.58 所示。

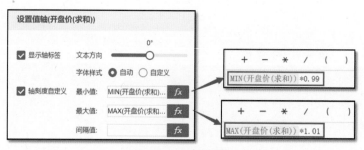

图 9.58　设置值轴

⑥ 单击"纵轴"中"开盘价"右侧的下列按钮，选择"设置分析线"→"趋势线"，"拟合方式"设为"多项式拟合"，如图 9.59 所示。然后以同样的方式为"纵轴"中的"成交量（求和）"设置趋势线。

图 9.59　设置"开盘价"趋势线

⑦ 在"图表样式"中设置"自定义显示"为"整体适应",并设置图表的背景颜色,生成如图 9.60 所示的图表。

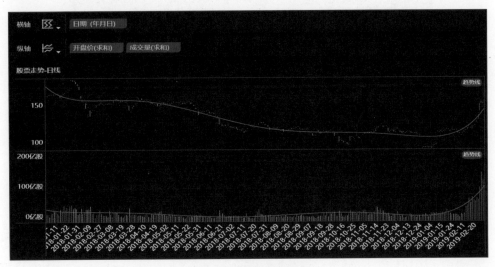

图 9.60 股票日线图表

2. 采用折线图分析移动平均线

移动平均线是将一定时期内的股票价格(指数)加以平均,并把不同时间的平均值连接起来,用以观察股票价格变动趋势的一种技术指标。常用线有 5 日、10 日、30 日、60 日、120 日和 240 日的指标。

① 单击"添加组件",选择"数据准备"→"行业数据"→"金融服务"→"股票历史数据表_自助"数据源,转到操作界面。

采用折线图分析移动平均线视频讲解

② 将"维度"窗口中的"日期"字段拖放到横轴,将"指标"窗口中的"5 日均线"、"10 日均线"、"30 日均线"和"60 日均线"四个字段拖放到纵轴,并按图 9.61 所示方式设置纵轴的值轴。

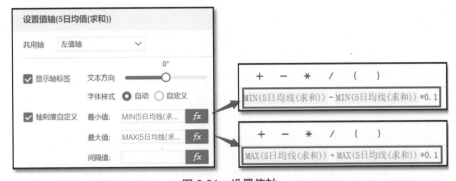

图 9.61 设置值轴

③ 在"图形属性"中设置"图表类型"为"线",把"指标名称"拖放到"颜色"标记中,并在"连线"标记中设置"线形"→"曲线"及"标记点"→"无"。

④ 在"图表样式"中设置"自定义显示"为"整体适应",并设置图表的背景颜色,生成如图 9.62 所示的图表。

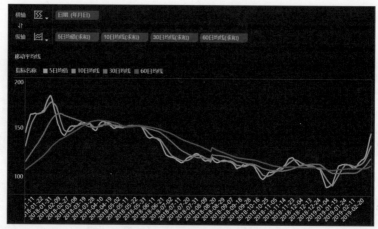

图 9.62　移动平均线图表

3. 采用柱形图分析个股成交量/成交额

个股成交量/成交额可以在一定程度上反映股票的活跃程度。

① 单击"添加组件"，依次选择"数据准备"→"行业数据"→"金融服务"→"股票历史数据表_自助"数据源，转到操作界面。

采用柱形图分
析个股成交量/
成交额
视频讲解

② 将"维度"窗口中的"股票名称"字段拖放到"纵轴"，将"指标"窗口中的"成交量""成交金额"两个字段拖放到"横轴"，并设置"横轴"为"指标并列"，并按图 9.63 所示方式设置"成交量（求和）"和"成交金额（求和）"的数值格式。

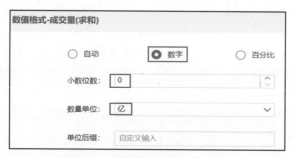

图 9.63　设置"成交量"数值格式

③ 单击"纵轴"中"股票名称"右侧的下拉按钮，选择"降序"→"成交量"，使得各个股票按照成交量降序排列，然后将"维度"窗口中的"股票名称"字段拖放到"图形属性"中的"颜色"和"标签"标记中。

④ 在"图表样式"中设置图表的背景颜色，生成如图 9.64 所示的图表。

4. 采用词云图分析个股市值规模

① 单击"添加组件"，选择"数据准备"→"行业数据"→"金融服务"→"股票历史数据表_自助"数据源，转到操作界面。

② 在"图形属性"中设置"图表类型"为"文本"，将"维度"窗口中的"股票名称"字段拖放"颜色"和"文本"标记中，将"指标"窗口中的"流通市值（求和）"拖放到"大小"标记中，并在"结果过滤器"中设置日期为最近一天的日期，如图 9.65 所示。

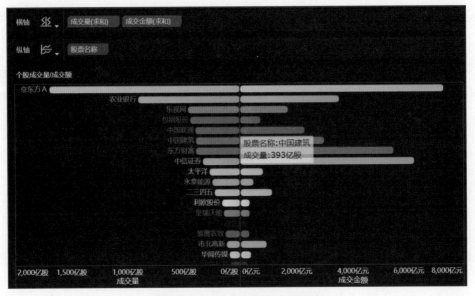

图 9.64 个股成交量/成交额图表

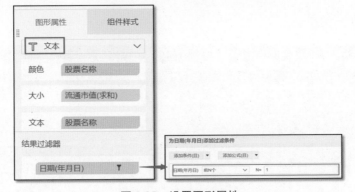

图 9.65 设置图形属性

③ 在"图表样式"中设置图表的背景颜色，生成如图 9.66 所示的图表。

图 9.66 个股市值规模图表

任务 9.4.2　未来趋势分析

根据数据列表中的"股票历史数据表",以周开盘价和周成交量为分析指标,通过面积图和折线图组合的方式分析预测未来一段时间内股票的走势。

未来趋势分析
视频讲解

① 依次选择"数据准备"→"行业数据"→"金融服务"→"股票历史数据表_自助"数据源,转到操作界面。

② 将"维度"窗口中的"日期"字段拖到"横轴",并设定为"年周数",实现以周为单位进行分析。然后将"指标"窗口中的"开盘价"和"成交量"字段拖放到"纵轴",并设置"开盘价"的汇总方式为平均。

③ 设置"开盘价(求平均)"轴刻度的最小值为 0,设置"成交量(求和)"为右值轴,并设置轴刻度最小值为 0,然后设置"成交量(求和)"的数量单位为"亿"。

④ 在"图形属性"中设置"开盘价"的"图表类型"为"线",并设置其"连线"标记为"线形"→"曲线"及"标记"→"无"。

⑤ 在"图形属性"中设置"成交量"的"图表类型"为"面积",并设置颜色。

⑥ 在"图表样式"中设置"自定义显示"为"整体适应",并设置图表的背景颜色,生成如图 9.67 所示的图表。

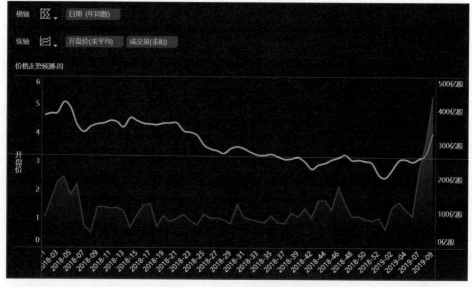

图 9.67　未来趋势分析图表

通过上面的可视化分析,初步预测在未来几周内态势良好,大盘行情应该会持续走高。

【归纳总结】

本任务从股票当前走势、股票未来趋势两个方面对股票情况进行了分析。任务 9.4.1 中,我们采用柱形图、折线图、词云图对股票日线、移动平均线、个股成交量/成交额、个股市值规模等几个方面进行了可视化分析。通过分析发现,从 2018 年年底到 2019 年年初股票走势从低谷开始上扬,逐渐进入健康状态。

任务 9.4.2 中，通过面积图和折线图组合的方式分析预测了未来一段时间内股票的走势。通过分析，可以看出：整体来看，沪深股两市放量创新高，说明市场运行还是相对健康的，对于近期或出现的关口震荡休整也属于正常现象。在国家政策的大力引导之下，特别是沪指未来应该具备突破 3000 点大关的能力，未来总体股票市场行情看好。

能力拓展训练

【训练目标】

1. 能够针对具体的业务需求选择恰当的可视化图表。
2. 能够使用 FineBI 工具实现金融业可视化分析。
3. 能够根据可视化分析结果为企业提供经营决策。

【具体要求】

作为银行，在经营过程中，应该把安全性放在首位，加强对放款风险的防范。应该做到：自有资金在负债中占有一定的比例，特别是加强对客户的资信调查和市场预测。因此，对于银行来说，需要时时关注以下几个方面的问题：

（1）贷款信用等级分布情况如何？

（2）贷款销账预测情况如何？

（3）未来一段时间预测风险趋势情况如何如何？

现有一份贷款风险的相关数据，数据源位于教材附赠资源"chapter9-2 贷款风险分析表.xlsx"。请围绕这份数据源，参考图 9.68 所示的仪表板设计，进行风险分析。

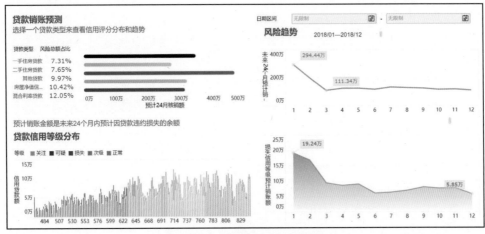

图 9.68 贷款风险分析仪表板

# 项目十　高等教育行业
可视化分析实战

【能力目标】

1. 能够理解并分析高等教育行业数据可视化业务需求。
2. 能够理解高等教育行业数据可视化解决方案。
3. 能够完成各个功能模块的可视化图表的设计和制作。

大数据的深入分析、研究和应用，对高等教育的方方面面产生了深远影响。高等教育的数字化管理、数字化教学、数字化生活越来越普及。大数据教育现代化是教育现代化的必然需求。大数据的"海量化+多样性+高速性+精确性+关联性+易变性+有效性+价值大"的优势，将为高校教育现代化带来革命性的改革力量。

2014 年，"大数据"概念首次被正式写入《政府工作报告》；2015 年，国务院发布《促进大数据发展行动纲要》，文件明确提出要大力建设教育现代化大数据，要"探索发挥大数据对变革教育方式、促进教育公平、提升教育质量的支撑作用"，并正式启动了"互联网+"和"大数据"两大发展战略。2017 年 12 月，中共中央政治局就实施国家大数据战略进行第二次集体学习。

现如今，大多数高校的信息化建设已经得到全面发展。各类网络、服务器、存储、私有云、公共数据库、统一身份认证、一卡通系统和内容管理系统等基础设施都已经建设完成，大部分业务部门已经在使用信息化系统，在部门内实现信息化管理，并且产生了良好的效益。

但与此同时，教育领域的大数据应用现状也出现了不少的问题：

（1）各系统各自为政，分开建设，缺少统筹规划，水平参差不齐。更有部分部门信息化思维跟不上当今数据时代的发展，依旧用 Excel 处理数据。

（2）各业务系统积攒大量数据，未打通数据前数据安全难以保障。

（3）各个业务系统的数据交换只能通过定制化的数据平台进行，耗时耗力。

（4）各系统平台的数据，尤其是各个业务部门的业务数据，缺乏统一的平台进行分析和管理，无法快速建模实现分析和展示。

在任务 10.1～任务 10.4，我们将通过高校教职工数据分析、校园一卡通消费数据分析、图书馆大数据分析、高校招生数据分析四个功能模块的数据分析可视化制作，进一步详细说明高等教育行业数据分析可视化的思路和制作步骤。

任务 10.1 高校教职工数据分析

【任务描述】

随着高校数量的不断增多，高校教职工数据量也呈几何级增长。急剧增长的数据量给高校管理人员的管理带来了很大困难。为了解决管理上的难题，并从海量的教职工数据中提取有用的信息，准确地为教职工画像，高校管理人员需要对以下问题进行分析并给出解决方案：

- 教职工的学历和职称分布情况如何？
- 教职工的流动情况如何？
- 高校各部门人员分布情况如何？人才引进情况如何？

【方案设计】

按照数据可视化分析的一般步骤，我们首先将不同系统，不同数据库中高校教职工数据整合出来，形成单一数据源；然后根据要分析的不同数据的特征，选用合理的可视化图表进行制作并展示。最终形成的分析模块如表 10.1 所示。

表 10.1 高校教职工数据分析模块

分析模块	图表类型	分析维度	分析指标
教职工入职/离职变化	堆积柱状图	年月	在职人数、入职人数
教职工画像分析	环形图	性别	人数、占比
	多层饼图	学历、性别	人数、占比
	点图	年龄、性别	人数
	环形图	部门单位	人数、占比
	矩形树图	非教学单位	人数、占比
	颜色表格	人才引进类型	人数
	漏斗图	教职工职级	人数、占比

依据表 10.1，我们制作了 8 张可视化图表，对高校教职工数据进行了全面分析，涵盖了数据源中的各个指标。最后将图表整合到一张仪表板中，形成了最终的功能模块效果，如图 10.1 所示。

依据图 10.1 最终展示的仪表板情况，我们将该任务一分解成 3 个子任务，并从中截取了 6 张图表，对其设计与制作过程进行详细阐述。

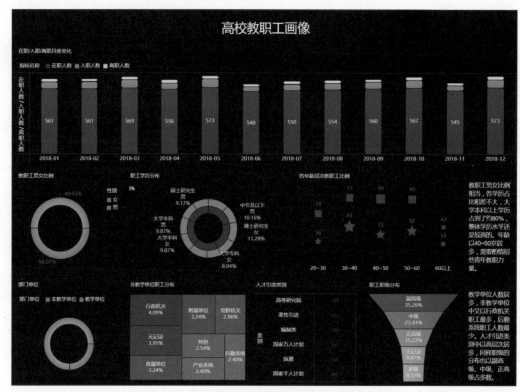

图 10.1　高校教职工数据分析可视化的最终展示

图 10.2　图形属性设置

【任务实施】

任务 10.1.1　教职工学历职称分析

本任务从学历分布情况、职称分布情况两个方面进行可视化分析。

采用多层饼图分析教职工的学历分布情况视频讲解

1. 采用多层饼图分析教职工的学历分布情况

① 新建一个仪表板，取名"高校教职工画像"，单击"添加组件"，选择"数据准备"→"行业数据"→"高校数据"→"高校教职工信息表"数据源，转到操作界面。

②"图表类型"设为"矩形块"，将"记录数"指标拖入"大小"标记，将"学历""性别"维度和"记录数（总行数）"指标拖入"标签"标记；将"学历""性别"维度拖入"细粒度"标记，如图 10.2 所示。

③ 单击"图形属性"窗口中的"大小"标记，在"多层饼图"选项中选择"是"，即可将矩形块转换为多层饼图，同时设置"图形属性"窗口中的"颜色"属性，如图 10.3、图 10.4 所示。

④ 选择"图形属性"窗口中的"标签"→"记录数（总行数）"，在弹出菜单中选择"快速计算（无）"→"当前指标百分比"，同时设置其数值格式为"百分比"。

⑤ 设置组件样式的标题、背景颜色，图例即可得到最终结果。

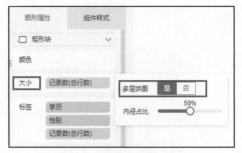

图 10.3 转换为多层饼图

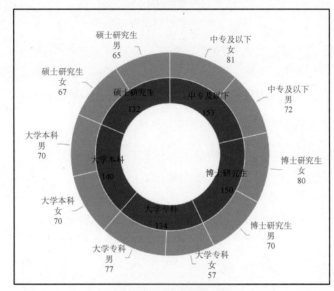

图 10.4 多层饼图效果

图 10.5 图形属性设置

2. 采用漏斗图分析教职工的职称分布情况

① 在仪表板中单击"添加组件"，依次选择"数据准备"→"行业数据"→"高校数据"→"高校教职工信息表"数据源，转到操作界面。

② "图表类型"设为"漏斗图"，将"记录数（总行数）"指标拖入"颜色"和"大小"标记，将"职级"维度和"记录数（总行数）"指标拖入"标签"标记；将"职级"维度拖入"细粒度"标记，如图 10.5 所示。

采用漏斗图分析教职工的职称分布情况视频讲解

③ 单击"图形属性"窗口中的"颜色"，在"颜色设置"窗口中，设置"渐变类型"为"连续渐变"、"渐变方案"为"深海"、渐变区间为"自定义"、"区间个数"为 2、"取值范围"为 0～300。

④ 选择"图形属性"窗口中的"细粒度"→"职级"，然后选择"降序"→"记录数（总行数）"，结果如图 10.6 所示。

⑤ 选择"图形属性"窗口中的"标签"→"记录数（总行数）"，在弹出菜单中选择"快速计算（无）"→"当前指标百分比"，同时设置其数值格式为"百分比"。

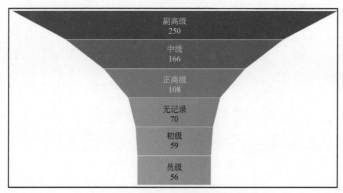

图 10.6　降序排列后的漏斗图

⑥ 设置组件样式的标题、背景颜色，图例，即可得到最终结果。

从上述分析中可以看出，教职工职级中副高级、中级和正高级占据了大多数，所占比例为35.26%、23.41%、15.23%。其中副高级、中级两种职级占据了整体教职工职级的一半以上。

任务 10.1.2　教职工人员流动分析

教职工人员
流动分析
视频讲解

本任务对高校教职工的人员流动情况进行可视化分析，采用堆积柱状图分析在职人数、入职人数、离职人数三个指标。

① 在仪表板中单击"添加组件"，依次选择"数据准备"→"行业数据"→"高校数据"→"高校教职工信息表"数据源，转到操作界面。

② 复制"指标"窗口中的"记录数"指标，然后新建一个计算指标，命名为"在职人数"，设置计算的公式为"COUNT_AGG（入职时间）+500"，如图 10.7 所示。

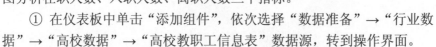

图 10.7　"在职人数"计算指标计算公式

③"图表类型"设为"柱形图"，将"入职时间"维度拖入"横轴"，并设置为"年月"格式；将"在职人数（聚合）"计算指标、"记录数"指标、"记录数 1"指标拖入"纵轴"，设置"记录数 1"指标对"入职时间"统计行数，并将"记录数"指标设置显示名称为"入职人数"，"记录数 1"指标设置显示名称为"离职人数"，如图 10.8 所示。

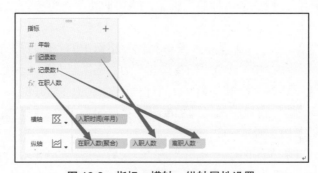

图 10.8　指标、横轴、纵轴属性设置

④ 将"指标名称"维度拖入"颜色",设置颜色的配色方案,然后对"纵轴"的三个字段设置为"开启堆积",结果如图 10.9 所示。

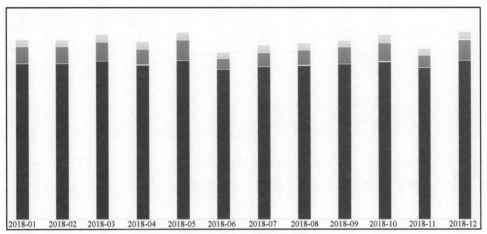

图 10.9 堆积的柱形图

⑤ 设置柱状图的柱宽、圆角,同时设置横轴、纵轴标题,组件标题和相关背景,即可得到最终效果。

从上述分析中可以看出,教职工的流动情况基本保持平稳,变化不大,6 月份和 11 月份数据相对其他月份较低一些。

任务 10.1.3 部门人员情况分析

本任务从部门单位的人数占比情况、非教学单位教职工分布情况、教职工人才引进情况几个方面进行可视化分析。

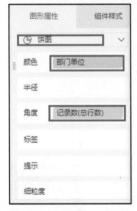

图 10.10 图形属性设置

1. 采用饼图分析部门单位人数占比情况

① 在仪表板中单击"添加组件",依次选择"数据准备"→"行业数据"→"高校数据"→"高校教职工信息表"数据源,转到操作界面。

② "图表类型"设为"饼图",将"记录数(总行数)"指标拖入"角度"标记,将"部门单位"维度拖入"颜色"标记,如图 10.10 所示。

③ 选择"图形属性"窗口中的"颜色"→"部门单位"→"自定义分组",在"自定义分组设置"窗口中,添加分组,并命名为"非教学单位",然后将除教学单位外所有的部门名称移动到"非教学单位"分组下,如图 10.11 所示。

采用饼图分析
部门单位人数
占比情况
视频讲解

④ 设置组件样式的标题、背景颜色,图例,即可得到最终效果。

2. 采用矩形块图分析非教学单位教职工分布情况

① 在仪表板中单击"添加组件",依次选择"数据准备"→"行业数据"→"高校数据"→"高校教职工信息表"数据源,转到操作界面。

采用矩形块图
分析非教学单
位教职工分布
情况视频讲解

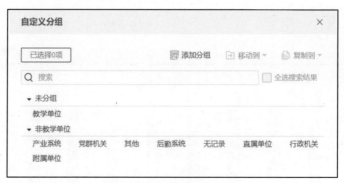

图 10.11 设置自定义分组

② "图表类型"设为"矩形块",将"记录数(总行数)"指标拖入"颜色"和"大小"标记,将"部门单位"维度拖入"标签"和"细粒度",将"记录数(总行数)"指标拖入"标签"标记,如图 10.12 所示。

③ 设置"部门单位"维度的过滤条件。选择"图形属性"窗口中的"标签"→"部门单位"→"过滤",添加条件,选择字段为"部门单位",运算符为"不属于",值为"教学单位",如图 10.13 所示。

④ 选择"图形属性"窗口中的"标签"→"记录数(总行数)",在弹出的菜单中选择"快速计算(无)"→"当前指标百分比",同时设置其数值格式为"百分比"。

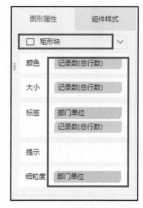

图 10.12 图形属性设置

⑤ 单击"图形属性"窗口中的"颜色",在"颜色设置"窗口中,设置"渐变类型"为"连续渐变"、"渐变方案"为"深海"、"渐变区间"为"自定义"、"区间个数"为 2,"取值范围"为 0~30。

⑥ 设置组件样式的标题、背景颜色,图例,即可得到最终效果。

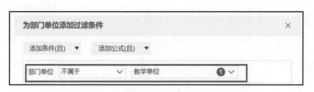

图 10.13 设置"部门单位"过滤条件

3. 采用文本图分析教职工人才引进情况

① 在仪表板中单击"添加组件",依次选择"数据准备"→"行业数据"→"高校数据"→"高校教职工信息表"数据源,转到操作界面。

② "图表类型"设为"文本",将"记录数"指标拖入"颜色"和"文本"标记,将"类别"维度拖入到"纵轴",如图 10.14 所示。

③ 选择"纵轴"中的"类别"字段,在弹出菜单中选择"降序"→"记录数(总行数)",对每种引进类别的教职工数量进行降序排序。

④ 选择"图形属性"窗口中的"颜色",在"颜色设置"窗口中,设置"渐变类型"为"连续渐变"、"渐变方案"为"炫彩"。

采用文本图分
析教职工人才
引进情况
视频讲解

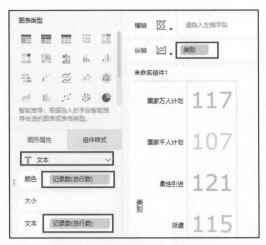

图 10.14　图形属性、纵轴设置

⑤ 设置组件样式的标题、背景颜色，图例，即可得到最终效果。

【归纳总结】

任务 10.1 中，通过分解的三个子任务对高校教职工数据进行了可视化分析，完整、全面地对教职工进行了画像，并将制作的图表整合在一起，呈现了如图 10.1 所示的仪表板。

任务 10.1.1 中，我们采用了多层饼图和漏斗图分析了高校教职工的学历和职称分布情况。图表显示，教职工各学历占比相差不大，大学本科以上学历占到了约 80%，整体学历水平较高，但年龄均在 40～50 岁之间，年龄偏大；教职工职称的分布以副高级、中级和正高级占据了大多数，整体职称水平较高。通过任务 10.1.1 的分析，高校管理人员应该考虑多引进青年教师，为师资队伍多补充新鲜血液。

任务 10.1.2 中，我们采用了堆积柱形图分析了高校教职工的流动情况。图表显示，教职工流动情况基本保持平稳，变化不大，6 月份和 11 月份数据相对其他月份较低一些。通过任务 10.1.2 的分析，高校管理人员应该考虑如何规范人才流动，进一步优化师资队伍结构。

任务 10.1.3 中，我们采用了饼图、矩形块图、文本图分析了高校部门单位的人数占比情况、非教学单位教职工分布情况、教职工人才引进情况。图表显示，教学单位的教职工人数占了绝大多数，非教学单位中，各个部门职工的数量占比相差不大，行政机关的职工的数量最多。通过任务 10.1.3 的分析，高校管理人员可以考虑如何进一步优化人事结构，深化人事制度改革。

任务 10.2　校园一卡通消费数据分析

【任务描述】

随着高校教育信息化建设的不断进步，校园一卡通在越来越多的高校中得到了广泛的应用和普及。高校的一卡通系统在不断的使用中积累了海量的数据，但数据极为分散，没有能够对数据进行统一整合，因此，也很难从海量数据中获取有价值的信息。为了能够从多个角度查询分析高校在校学生的消费状况和消费特点，帮助学校管理层对学生工作、后勤部门对食堂经营做出决策分析，需要对以下问题进行分析并给出解决方案：

- 高校内各承包的食堂对师生的吸引力是否充足，每日来用餐的人数及金额究竟是多少？
- 师生在各个学校消费类别中，哪个类别消费金额最大？消费低的类别是什么，是否有什么问题导致？
- 师生的消费时间有什么规律？对应的消费类别的高峰期分别是什么时候？如何降低各个食堂窗口的排队压力？

【方案设计】

按照数据可视化分析的一般步骤，我们首先将不同系统，不同数据库中高校一卡通消费数据整合出来，形成单一数据源；然后根据要分析的不同数据的特征，选用合理的可视化图表进行制作并展示；同时借助 FineBI 的联动、钻取等 OLAP 多维分析功能，帮助学校决策者回答更加深层次的问题。

最终形成的分析模块如表 10.2 所示。

表 10.2　校园一卡通消费数据分析模块

分析模块	图表类型	分析维度	分析指标
消费属性分析	饼图	餐饮/非餐饮	消费占比
	饼图	分校区名称	消费占比
	条形图	消费群体	消费金额
	折线图	消费场所	消费金额
消费时间分析	日历图（矩形块）	消费时间	消费金额
	折线图	消费年周	消费金额、消费次数

依据表 10.2，我们制作了 6 张可视化图表，对高校一卡通消费数据进行了全面分析，涵盖了数据源中的各个指标。最后将图表整合到一张仪表板中，形成了最终的功能模块效果，如图 10.15 所示。

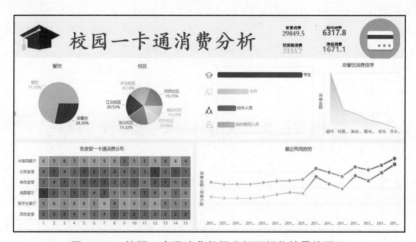

图 10.15　校园一卡通消费数据分析可视化的最终展示

依据图 10.15 最终展示的仪表板情况，我们将该任务分解成两个子任务，并对 6 张图表的设计与制作过程进行详细阐述。

【任务实施】

任务 10.2.1　一卡通消费属性分析

本任务从一卡通消费餐饮/非餐饮的消费金额占比情况、不同校区的一卡通消费金额占比情况、不同消费群体的一卡通消费金额情况、不同消费场所的一卡通消费金额情况四个方面进行可视化分析。

采用饼图分析一卡通消费餐饮/非餐饮的消费金额占比情况视频讲解

1. 采用饼图分析一卡通消费餐饮/非餐饮的消费金额占比情况

① 新建一个仪表板，取名"校园一卡通消费分析"，单击"添加组件"，依次选择"数据准备"→"行业数据"→"高校数据"→"校园一卡通数据"数据源，转到操作界面。

② "图表类型"设为"饼图"，将"消费类别"维度拖入"颜色"和"标签"标记，将"消费金额（求和）"指标拖入"角度"和"标签"标记，如图 10.16 所示。

③ 选择"图形属性"窗口中的"标签"→"消费金额（求和）"，在弹出的菜单中选择"快速计算（无）"→"当前指标百分比"，同时设置其数值格式为"百分比"。

④ 设置"图形属性"窗口中的"半径"→"内径占比"为 0%，同时设置图形属性窗口的颜色配色方案。

⑤ 设置组件样式的标题、图例，最后得到效果如图 10.17 所示。

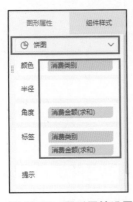

图 10.16　图形属性设置

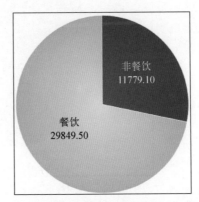

图 10.17　一卡通消费餐饮/非餐饮的消费金额占比情况效果图

2. 采用饼图分析不同校区的一卡通消费金额占比情况

① 在仪表板中单击"添加组件"，依次选择"数据准备"→"行业数据"→"高校数据"→"校园一卡通数据"数据源，转到操作界面。

② "图表类型"设为"饼图"，将"校区"维度拖入"颜色"和"标签"标记，将"消费金额（求和）"指标拖入"角度"和"标签"标记，如图 10.18 所示。

③ 选择"图形属性"窗口中的"标签"→"消费金额（求和）"，在弹出菜单中选择"快速计算（无）"→"当前指标百分比"，同时设置其数

采用饼图分析不同校区的一卡通消费金额占比情况视频讲解

值格式为"百分比"。

④ 设置"图形属性"窗口中的"半径"→"内径占比"为 0%，同时设置图形属性窗口的颜色配色方案，如图 10.19 所示。

图 10.18　图形属性设置

图 10.19　颜色配色方案设置

⑤ 设置"图形属性"窗口中的标签样式，组件样式的标题、图例，最后得到效果如图 10.20 所示。

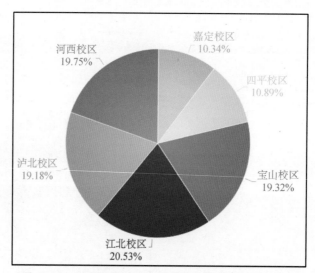

图 10.20　不同校区的一卡通消费金额占比情况效果图

3. 采用柱形图分析不同消费群体的一卡通消费金额情况

① 在仪表板中单击"添加组件"，依次选择"数据准备"→"行业数据"→"高校数据"→"校园一卡通数据"数据源，转到操作界面。

② "图表类型"设为"柱形图"，将"人员类别"维度拖入"颜色"和"标签"标记，将"消费金额（求和）"指标拖入"横轴"，"人员类别"维度拖入"纵轴"，如图 10.21 所示。

③ 选择"纵轴"中的"人员类别"→"降序"→"消费金额（求和）"，然后选择"纵轴"中的"人员类别"→"设置分类轴"，去掉勾选"显示轴标签"和"显示轴标题"两个选项；选择"横轴"中的"消费金额（求和）"→"设置值

采用柱形图分析不同消费群体的一卡通消费金额情况视频讲解

轴（下值轴）"，去掉勾选"显示轴标签"和"显示轴标题"两个选项。

④ 设置"图形属性"窗口中的颜色配色方案，同时设置"图形属性"窗口中柱宽和圆角等参数，如图 10.22 所示。

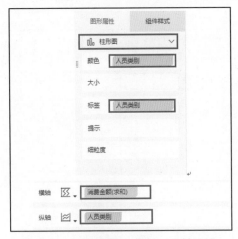

图 10.21　图形属性、横轴、纵轴设置

图 10.22　颜色配色方案设置

⑤ 设置组件样式的标题、图例，最后得到效果如图 10.23 所示。

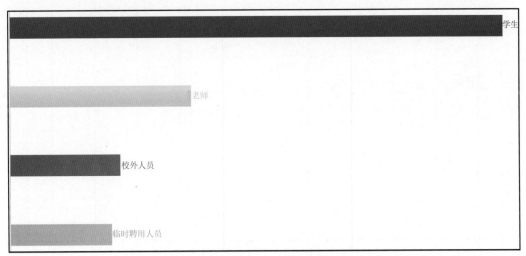

图 10.23　不同消费群体的一卡通消费金额情况效果图

4. 采用面积图分析不同消费场所的一卡通消费金额情况

① 在仪表板中单击"添加组件"，依次选择"数据准备"→"行业数据"→"高校数据"→"校园一卡通数据"数据源，转到操作界面。

②"图表类型"设为"面积"，将"消费地点"维度拖入"横轴"，将"消费金额（求和）"指标拖入"纵轴"，如图 10.24 所示。

③ 选择横轴中的"消费地点"→"过滤"，为消费地点设置过滤条件，这里设置"图书馆""开水房""校医院""校车""淋浴房""超市"6 个非餐饮消费场所，如图 10.25 所示。

④ 选择"横轴"中的"消费地点"→"设置分类轴"，然后去掉勾选"显示轴标题"

采用面积图分析不同消费场所的一卡通消费金额情况视频讲解

选项；选择"纵轴"中的"消费金额（求和）"→"设置值轴（左值轴）"，然后去掉勾选"显示轴标签"选项。

⑤ 对"消费地点"按照"消费金额（求和）"降序排列。设置组件样式，最后得到效果如图 10.26 所示。

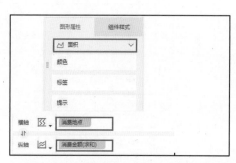

图 10.24　图形属性、横轴、纵轴设置

图 10.25　为消费地点设置过滤条件

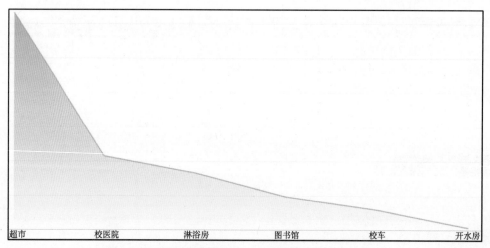

图 10.26　不同消费场所的一卡通消费金额情况效果图

任务 10.2.2　一卡通消费时间分析

本任务从各个食堂一卡通消费分布情况、近两周消费金额和消费次数情况两个方面进行可视化分析。

1. 采用矩形块图分析各食堂一卡通消费分布情况

① 在仪表板中单击"添加组件"，依次选择"数据准备"→"行业数据"→"高校数据"→"校园一卡通数据"数据源，转到操作界面。

② "图表类型"设为"矩形块"，将"消费金额（求和）"指标拖入"颜色"和"标签"标记，将"消费时间（年月日）"维度拖入"横轴"，将"消费地点"指标

采用矩形块图分析各食堂一卡通消费分布情况视频讲解

拖入"纵轴",如图 10.27 所示。

③ 选择"纵轴"中的"消费地点"→"过滤",为消费地点设置过滤条件,这里设置"北苑食堂""南苑食堂""西苑食堂""丰富园餐厅""清真餐厅""留学生餐厅"6 个食堂;同时选择"横轴"中的"消费时间(年月日)"→"更多分组"→"日",如图 10.28 所示。

图 10.27 图形属性、横轴、纵轴设置

图 10.28 为消费地点添加过滤条件

图 10.29 颜色配色方案设置

④ 选择"图形属性"窗口中的"标签"→"消费金额(求和)",在弹出菜单中选择"快速计算(无)"→"组内排名"→"降序排名",同时设置"图形属性"窗口中的颜色方案,然后在"组件样式"中,设置自适应显示为"整体适应",如图 10.29 所示。

⑤ 设置图例,横轴标题、纵轴标题和组件标题,最后得到效果如图 10.30 所示。

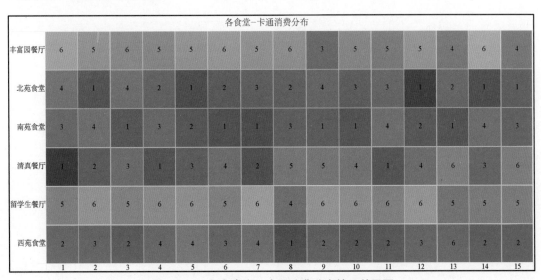

图 10.30 各个食堂一卡通消费分布情况效果图

2. 采用线图分析近两周消费金额和消费次数情况

① 在仪表板中单击"添加组件"，依次选择"数据准备"→"行业数据"→"高校数据"→"校园一卡通数据"数据源，转到操作界面。

② "图表类型"设为"线"，将"消费时间"维度拖入"横轴"，将"消费金额（求和）"和"记录数"指标拖入"纵轴"，同时设置"记录数"指标显示名为"消费次数"，如图 10.31 所示。

采用线图分析近两周消费金额和消费次数情况视频讲解

图 10.31　图形属性、横轴、纵轴设置

③ 把"消费金额（求和）"指标拖入"图形属性"窗口中的"颜色"和"大小"标记，把"消费次数"指标拖入"图形属性"窗口中的"颜色"和"大小"标记，同时调整"大小"→"线宽"，如图 10.32 所示。

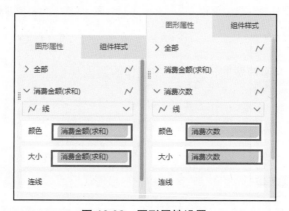

图 10.32　图形属性设置

④ 选择"纵轴"中的"消费金额（求和）"→"设置值轴（左值轴）"，去掉"显示轴标签"选项，勾选"轴刻度自定义"，设置最大值为 4000。同时设置轴标题的字体样式，如图 10.33 所示。

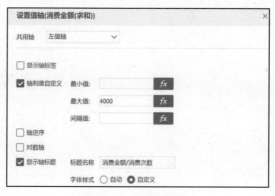

图 10.33　设置值轴

⑤ 选择"纵轴"中的"消费次数"→"设置值轴（左值轴）"，设置"公用轴"为"右值轴"。同时取消勾选"显示轴标签"和"显示轴标题"两个选项，再设置"组件样式"中的自适应显示为"整体适应"。

⑥ 设置"消费金额（求和）"和"消费次数"图形的线条颜色，同时设置比例和组件标题，最后得到的效果如图 10.34 所示。

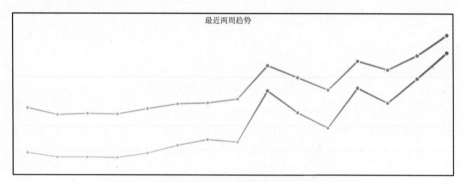

最近两周趋势

图 10.34　最近两周消费金额和消费次数情况效果图

【归纳总结】

任务 10.2 中，通过分解的两个子任务对校园一卡通消费数据进行了可视化分析，完整、全面地展示了校园一卡通消费的流向，并将制作的图表整合在一起，呈现了如图 10.15 所示的仪表板。

任务 10.2.1 中，我们采用饼图、柱形图和面积图分析了一卡通餐饮消费和非餐饮的消费金额占比情况及不同校区、不同消费群体、不同消费场所一卡通消费金额情况。图表显示，餐饮类消费占据了一卡通消费的大部分比例、不同校区的一卡通消费金额基本持平、学生群体在消费金额数量上占据了明显优势、在非餐饮消费中，超市消费金额最大。通过任务 10.2.1 的分析，可以看出高校内各承包的食堂对于师生的吸引力还是很充足的，特别是对于学生，一卡通的消费基本都是在餐饮方面。高校管理人员，特别是后勤部门，应该进一步加强对食堂的建设力度，由此吸引更多的学生进行消费。

任务 10.2.2 中，我们采用矩形块图和线图分析了各食堂一卡通消费分布情况及近两周消费金额和消费次数情况。图表显示，丰富园餐厅和留学生餐厅两个食堂每天的消费金额均较高，且消费金额数量变化不大，其余 4 个食堂每天的消费金额相对较低，并且随时间变化金额数量变化较大。通过任务 10.2.2 的分析，后勤部门应该对其余 4 个食堂消费额较低的原因做出分析，并加以改进。

任务 10.3　图书馆大数据分析

【任务描述】

图书馆作为高校中一个重要的机构，承担着为学校师生提供文献、提供信息、提供知识的重要任务。其中，图书检索和借阅是最为核心的一项功能，师生借阅图书带来了海量的数据，学校管理层有必要从图书馆的海量数据中提取有价值的信息，从而更好地服务教师的科研和学生的学习。因此，需要对以下问题进行分析并给出解决方案：

（1）图书馆借阅最多的书籍是什么？什么类型的图书更加受到学生欢迎？

（2）每个类别借阅最多的图书分别是什么？

（3）哪些学院的入馆率最高？他们最爱看什么书？哪些学生入馆率最高？

【方案设计】

按照数据可视化分析的一般步骤，我们首先将高校图书馆内部数据整合出来，形成单一数据源；然后根据要分析的不同数据的特征，选用合理的可视化图表进行制作并展示；同时借助 FineBI 的联动、钻取等 OLAP 多维分析功能，帮助学校决策者回答更加深层次的问题。最终形成的分析模块如表 10.3 所示。

表 10.3　图书馆大数据分析模块

分析模块	图表类型	分析维度	分析指标
书籍借阅数据分析	颜色表格	书籍名称	借阅数量（TOP 10）
	条形图	书籍名称 书籍类别	借阅数量（TOP 10）
学院和学生图书借阅分析	条形图	学院名称 学生群体	入馆量（TOP 5）
	条形图	学生名称 教师名称	借阅量（TOP 5）

依据表 10.3，我们制作了 8 张可视化图表，对高校图书馆数据进行了全面分析，涵盖了数据源中的各个指标。最后将 8 张图表整合到一张仪表板中，形成了最终的功能模块效果，如图 10.35 所示。

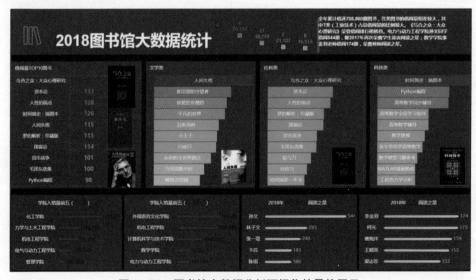

图 10.35　图书馆大数据分析可视化的最终展示

　　依据图 10.35 最终展示的仪表板情况，我们将该任务分解成两个子任务，并从中截取了 4 张图表，对其设计与制作过程进行详细阐述。

【任务实施】

任务 10.3.1　图书借阅数据分析

　　本任务从图书借阅数量前 10 位的图书名称情况、不同种类图书借阅数量前 10 位的图书名称情况两个方面进行可视化分析。

1. 采用文本图分析图书借阅数量前 10 位的图书名称情况

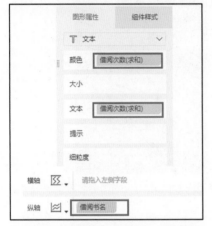

图 10.36　图形属性、横轴、纵轴设置

　　① 新建一个仪表板，取名"2018 图书馆大数据统计"，单击"添加组件"，依次选择"数据准备"→"行业数据"→"高校数据"→"图书借阅量数据"数据源，转到操作界面。

采用文本图分析图书借阅数量前 10 位的图书名称情况视频讲解

　　②"图表类型"设为"文本"，将"借阅次数（求和）"指标拖入"图形属性"中的"颜色"和"文本"标记，将"借阅书名"维度拖入"纵轴"，如图 10.36 所示。

　　③ 选择"纵轴"中的"借阅书名"→"降序"→"借阅次数（求和）"，对书籍名称按照借阅次数进行降序排列。

　　④ 选择"纵轴"中的"借阅书名"→"过滤"，为借阅书名设置过滤条件，这里选择字段为"借阅次数（求和）"指标，运算符选择"最大的 N 个"，同时设置 N=10，如图 10.37 所示。

图 10.37　为借阅书名添加过滤条件

　　⑤ 设置"图形属性"窗口中的颜色配色方案："渐变类型"选择"连续渐变"，"渐变方案"选择"自动"，"区间个数"为 4，"取值范围"为 80～200，同时设置相应颜色，如图 10.38 所示。

　　⑥ 设置图例，组件标题，最后得到的效果如图 10.39 所示。

采用矩形块图分析不同种类图书借阅数量前 10 位的图书名称情况视频讲解

2. 采用矩形块图分析不同种类图书借阅数量前 10 位的图书名称情况

　　① 在仪表板中单击"添加组件"，依次选择"数据准备"→"行业数据"→"高校数据"→"图书借阅量数据"数据源，转到操作界面。

②"图表类型"设为"矩形块",将"借阅次数（求和）"指标拖入"图形属性"中的"颜色"和"大小"标记,将"借阅书名"维度拖入"图形属性"中的"标签"和"纵轴",将"图书种类"维度拖入"横轴",如图 10.40 所示。

图 10.38　设置颜色配色方案　　　图 10.39　图书借阅数量前 10 位的图书名称情况效果图

图 10.40　图形属性、横轴、纵轴设置

③选择"横轴"中的"图书种类"→"过滤",为图书种类设置过滤条件,这里将图书种类设置为"文学类",如图 10.41 所示。

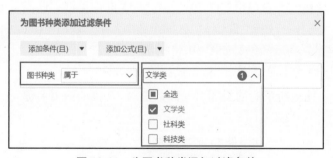

图 10.41　为图书种类添加过滤条件

④ 选择"纵轴"中的"借阅书名"→"过滤"，为借阅书名设置过滤条件，这里选择字段为"借阅次数（求和）"指标，运算符选择"最大的 N 个"，同时设置 N=10。然后选择"组件样式"中的"自适应显示"，设置为"整体适应"，如图 10.42 所示。

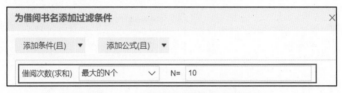

图 10.42　为借阅书名设置过滤条件

⑤ 设置"纵轴"中的"借阅书名"→"降序"→"借阅次数（求和）"，为"借阅书名"按照借阅次数进行降序排列。然后去掉"纵轴"和"横轴"的轴标签、标题和图例。

⑥ 设置"图形属性"中的颜色配色方案和组件的背景颜色。最后得到的效果如图 10.43 所示。

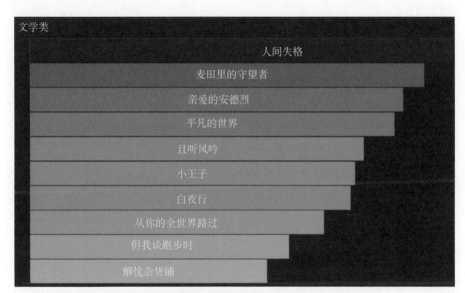

图 10.43　不同种类图书借阅数量前 10 位的图书名称情况

任务 10.3.2　图书馆入馆情况分析

本任务从入馆量前 5 位的学院情况、读者入馆借阅数据情况两个方面进行可视化分析。

1. 采用柱形图分析入馆量前五位的学院情况

① 在仪表板中单击"添加组件"，依次选择"数据准备"→"行业数据"→"高校数据"→"2018 各学院入馆量统计"数据源，转到操作界面。

② "图表类型"设为"柱形图"，将"入馆次数（求和）"指标拖入"图形属性"中的"标签"标记和"横轴"，将"类型"维度和"学院"维度拖入"纵轴"，如图 10.44 所示。

③ 设置"纵轴"中的"类型"→"过滤"，为类型设置过滤条件，这里设置类型为本科的学院。同时设置"纵轴"中的"学院"→"降序"→"入馆次数（求

采用柱形图分析入馆量前五位的学院情况视频讲解

和）"，为学院按照"入馆次数（求和）"进行降序排列，并为学院设置过滤条件，这里选择字段为"入馆次数（求和）"指标，运算符选择"最大的 N 个"，同时设置 N=5，如图 10.45 所示。

图 10.44　图形属性、横轴、纵轴设置

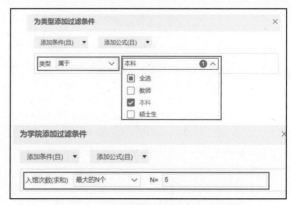

图 10.45　为类型、学院添加过滤条件

④　去掉"纵轴"和"横轴"中的轴标签、设置标题和图形属性的配色方案，得到最终的效果如图 10.46 所示。

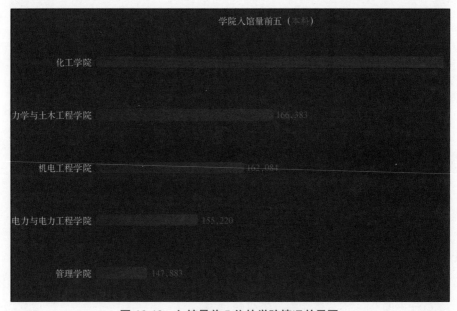

图 10.46　入馆量前 5 位的学院情况效果图

⑤　改变类型设置的过滤条件为"硕士生"，同时修改组件标题，即可得到研究生学院入馆量前 5 的效果。

2.　采用柱形图分析读者入馆的借阅数据情况

①　在仪表板中单击"添加组件"，依次选择"数据准备"→"行业数据"→"高校数据"→"读者入馆/借阅数据"数据源，转到操作界面。

②　"图表类型"设为"柱形图"，将"借阅册数（求和）"指标拖入"图形属性"中的"标签"标记和"横轴"，将"类型"维度和"姓名"维度

采用柱形图分析读者入馆的借阅数据情况视频讲解

拖入"纵轴"，如图 10.47 所示。

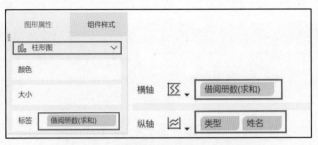

图 10.47　图形属性、横轴、纵轴设置

③ 设置"纵轴"中的"类型"→"自定义分组"，添加分组"学生"，将"本科生""硕士生"拖入到"学生"分组中，如图 10.48 所示。

图 10.48　设置自定义分组

④ 设置"纵轴"中的"类型"→"过滤"，为"类型"设置过滤条件，这里设置"类型"为"学生"。同时设置"纵轴"中的"姓名"→"降序"→"借阅册数（求和）"，为"姓名"按照"借阅册数（求和）"进行降序排列。并为"姓名"设置过滤条件，这里选择字段为"借阅册数（求和）"指标，运算符选择"最大的 N 个"，同时设置 N=5，如图 10.49 所示。

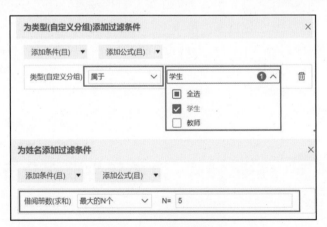

图 10.49　设置过滤条件

⑤ 去掉"纵轴"和"横轴"中的轴标签、设置标题和图形属性的配色方案，得到的最终效果如图 10.50 所示。

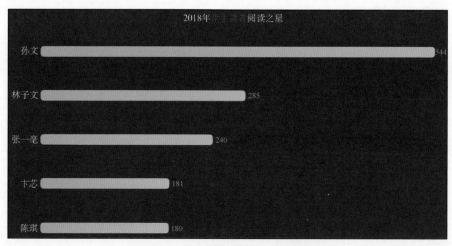

图 10.50　学生借阅次数前 5 的效果图

⑥ 改变"类型"设置的过滤条件为教师，同时修改组件标题，即可得到 2018 年教师借阅次数前五的效果图。

【归纳总结】

任务 10.3 中，通过分解的两个子任务对图书馆大数据进行了可视化分析，完整、全面地展示了图书馆的图书借阅和读者借阅情况，并将制作的图表整合在一起，呈现了如图 10.35 所示的仪表板。

任务 10.3.1 中，我们采用文本图和矩形块图分析了图书借阅数量前 10 位的图书情况、不同种类图书借阅数量前 10 位的图书情况。图表显示，在热门借阅图书中，文学类和社科类图书占据较大比例，科技类图书占据的比例较低，在图书借阅数量前 10 位的图书中，科技类图书仅有一本，并且位居最后。通过任务 10.3.1 的分析，可以看出学生更喜欢阅读文学类和社科类图书。高校管理人员，特别是图书馆工作人员，在采购图书时，一方面要增加文学类和社科类图书的采购量；另一方面，采购科技类图书时，要注意专业性和趣味性相结合，引导学生拓宽阅读的深度和广度。

任务 10.3.2 中，我们采用了柱形图分析入馆量前 5 位的学院情况和读者入馆的借阅数据情况。图表显示，化工学院、力学与土木工程学院、机电工程学院、电气与动力工程学院和管理学院占据了入馆量次数前 5 名的位置。通过任务 10.3.2 的分析，高校管理人员可以考虑多举办阅读活动，表彰阅读先进，激发师生阅读热情。

任务 10.4　高校招生数据分析

【任务描述】

招生工作是高校工作的生命线，关乎着学校的生存发展。尤其是在当前生源数量逐年减少的情况下，如何科学地评价生源质量，对招生计划进行优化，是每个学校都亟待解决的问题。为此，学校管理层需要对以下问题进行分析并给出解决方案：

- 各省份、各年份、各地区的招生情况如何？
- 学校各专业录取比例、录取志愿率情况如何？
- 学校各学院招生人数及占比情况如何？

【方案设计】

按照数据可视化分析的一般步骤，我们首先整合以往高校招生相关数据，并在各流程进行数据收集，完成数据建模，通过业务包进行归类整合形成单一数据源；然后通过 FineBI 自助数据集和分析型仪表板，对不同场景的问题进行多维探索式分析，灵活应对各类分析需求。

最终形成的分析模块如表 10.4 所示。

表 10.4　高校招生数据分析模块

分析模块	图表类型	分析维度	分析指标
高校招生区域分析	地图	省份/城市	录取人数
	折线图	年份	计划招生人数/实际录取人数
	堆积点图	年份/省份	招生比例
高校招生专业分析	颜色表格	学院名称	实际招生人数/比例
	环形图	专业名称	录取人数/比例
	条形图	志愿等级	录取人数/比例

依据表 10.4，我们制作了 6 张可视化图表，对高校招生数据进行了全面分析，涵盖了数据源中的各个指标。最后将 6 张图表整合到一张仪表板中，形成了最终的功能模块效果。

依据最终展示的仪表板情况，我们将该任务分解成两个子任务，并对 6 张图表的设计与制作过程进行详细阐述。

【任务实施】

任务 10.4.1　高校招生区域分析

本任务从各省份的录取人数情况、各年份实际录取人数和计划招生情况、各地区招生比例分布情况三个方面进行可视化分析。

采用填充地图
分析各省份的
录取人数情况
视频讲解

1. 采用填充地图分析各省份的录取人数情况

① 新建一个仪表板，取名"高校招生区域分析"，单击"添加组件"，依次选择"数据准备"→"行业数据"→"高校数据"→"各省份招生数据"数据源，转到操作界面。

② "图表类型"设为"填充地图"，依次选择"维度"→"地区"→"地理角色（无）"→"省/市/自治区"，在弹出的窗口中单击"确定"按钮。在"维度"窗口中出现"地区（经度）""地区（纬度）"。然后将"地区（经度）"拖入"横轴"，"地区（纬度）"拖入"纵轴"，如图 10.51 所示。

图 10.51　图形属性、维度、横轴、纵轴设置

③ 将"实际录取"指标拖入"图形属性"窗口中的"颜色"标记，并重新命名为"录取人数"。然后设置颜色方案：选择"连续渐变"，"渐变方案"设置为"格调"，"渐变区间"为 2，值为 0 和 2000。

④ 选择"组件样式"→"背景"，去掉勾选"GIS"，然后设置图例，得到各省份的录取人数情况的最终结果。

2. 采用面积图分析各年份实际录取人数和计划招生情况

① 在仪表板中单击"添加组件"，依次选择"数据准备"→"行业数据"→"高校数据"→"各省份招生数据"数据源，转到操作界面。

② "图表类型"设为"面积"，将"年份"维度拖入"横轴"，"实际录取（求和）"和"计划招生（求和）"指标拖入"纵轴"，如图 10.52 所示。

采用面积图分析各年份实际录取人数和计划招生情况视频讲解

图 10.52　图形属性、横轴、纵轴设置

③ 将"指标名称"维度拖入"图形属性"窗口中的"颜色"标记，设置颜色方案。然后勾选"纵轴"中的"实际录取（求和）"→"开启堆积"、"计划招生（求和）"→"开启堆积"。

④ 添加闪烁动画效果。选择"纵轴"中的"计划招生（求和）"→"特殊显示"→"闪烁动画"，进行如图 10.53 所示的设置。

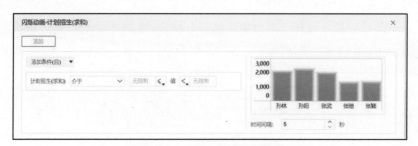

图 10.53　添加闪烁动画效果

⑤ 设置组件标题，得到最终效果如图 10.54 所示。

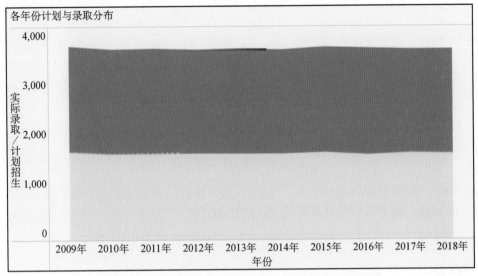

图 10.54　各年份实际录取人数和计划招生情况效果图

3. 采用点图分析各地区招生比例分布情况

采用点图分析各地区招生比例分布情况视频讲解

① 在仪表板中单击"添加组件"，依次选择"数据准备"→"行业数据"→"高校数据"→"各省份招生数据"数据源，转到操作界面。

② 在"指标"窗口中添加计算指标，指标名称命名为"招生达标比例"，设置公式为"SUM_AGG（实际录取）/SUM_AGG（计划招生）"，如图 10.55 所示。

图 10.55　招生达标比例的计算公式

③ "图表类型"设为"点"，将"招生达标比例（聚合）"计算指标拖入"纵轴"，"年份"维度拖入"横轴"，"地区"维度拖入"颜色"标记，如图 10.56 所示。

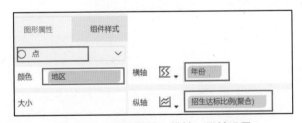

图 10.56　图形属性、横轴、纵轴设置

④ 为"纵轴"添加警戒线。选择"纵轴"中的"招生达标比例（聚合）"→"设置分析线"→"警戒线（横向）"，添加两条警戒线，如图 10.57 所示。

⑤ 设置"纵轴"中的数值格式为"百分比",同时选择"纵轴"中的"轴刻度自定义",设置"最小值"为 0.45,"最大值"为 1.05。

图 10.57　添加两条警戒线

⑥ 调整"图形属性"窗口中的"大小",设置地区的颜色方案,同时去掉"横轴"和"纵轴"的标题,得到最后的效果如图 10.58 所示。

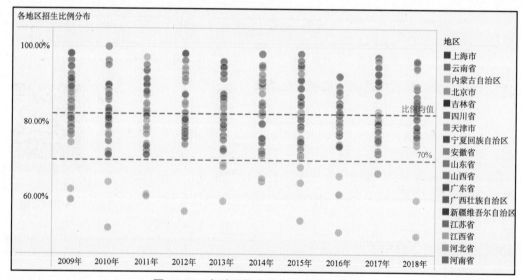

图 10.58　各地区招生比例分布情况效果图

任务 10.4.2　高校招生专业分析

本任务从各学院实际招生人数及占比情况、各专业录取比例情况、各专业录取志愿率情况三个方面进行可视化分析。

采用文本图分析各学院实际招生人数及占比情况视频讲解

1. 采用文本图分析各学院实际招生人数及占比情况

① 新建一个仪表板,取名"高校招生专业分析",单击"添加组件",依次选择"数据准备"→"行业数据"→"高校数据"→"各学院招生数"数据源,转到操作界面。

② "图表类型"设为"文本",将"实际招生(求和)"指标拖入"颜色"和"文本"标记,其中连续拖入"文本"两次。将"学院"维度拖入"纵轴",如图 10.59 所示。

③ 设置"纵轴"中的"学院"按"实际招生(求和)"降序排列。同时设置"图形属性"窗口中的"文本"→"实际招生(求和)"为"当前指标百分比"(注意是第二次拖入

的"实际招生（求和）"指标）。

④ 设置组件的标题、图形属性窗口的颜色方案、文本显示格式，纵轴的显示和图例，得到最终效果如图 10.60 所示。

图 10.59　图形属性设置

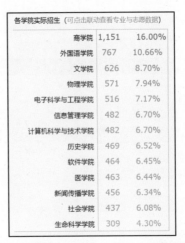

图 10.60　各学院实际招生人数及占比情况效果图

2. 采用饼图分析各专业录取比例情况

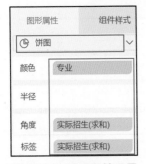

图 10.61　图形属性设置

① 在仪表板中单击"添加组件"，依次选择"数据准备"→"行业数据"→"高校数据"→"各学院招生数"数据源，转到操作界面。

②"图表类型"设置"饼图"，将"专业"维度拖入"颜色"标记，将"实际招生（求和）"指标拖入"角度"和"标签"标记，如图 10.61 所示。

采用饼图分析各专业录取比例情况视频讲解

③ 设置组件的标题，标签的格式，即可得到最终结果。

3. 采用柱形图分析各专业录取志愿率情况

采用柱形图分析各专业录取志愿率情况视频讲解

① 在仪表板中单击"添加组件"，依次选择"数据准备"→"行业数据"→"高校数据"→"各学院招生数"数据源，转到操作界面。

②"图表类型"设为"柱形图"，将"志愿"维度拖入"颜色"标记和"纵轴"，将"实际招生（求和）"指标拖入"标签"标记两次，拖入横轴，如图 10.62 所示。

图 10.62　图形属性、横轴、纵轴设置

③ 设置"图形属性"窗口中的"标签"→"实际招生（求和）"为"当前指标百分比"（注意是第二次拖入的"实际招生（求和）"指标）。同时设置显示格式为百分比。

④ 设置组件标题，颜色方案，得到最终效果如图 10.63 所示。

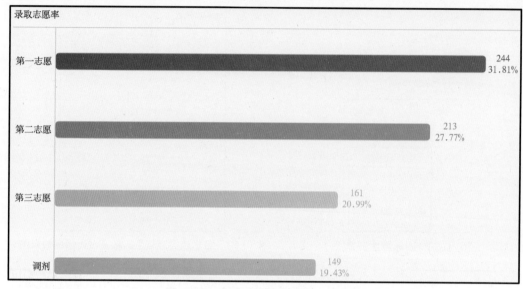

图 10.63　各专业录取比例情况效果图

【归纳总结】

任务 10.4 中，通过分解的两个子任务对高校招生数据进行了可视化分析，完整、全面地展示了高校各区域的录取人数情况和各学院的录取人数情况，并将制作的图表整合在一起。

任务 10.4.1 中，我们采用填充地图、面积图、点图分析了各省份的录取人数情况、各年份实际录取人数和计划招生情况、各地区招生比例分布情况。图表显示，江苏省的录取人数最多，达到了 1335 人，其他省份与之相比差距较大；各年份实际录取人数和计划招生基本持平，没有太大变化；各地区招生比例分布不够均匀，从 2009～2018 年，每年均有几个地区的招生比例低于 70%。通过任务 10.4.1 的分析，高校管理人员可以考虑根据自身所在地区，结合学校实际，调整地区招生计划，为下一年的招生决策提供参考。

任务 10.4.2 中，我们采用文本图、饼图、柱形图分析了各学院实际招生人数及占比情况、各专业录取比例情况和各专业录取志愿率情况。图表显示，商学院在招生人数和比例上都居首位，其他学院与之相比差距较大；各学院的每个专业录取比例相差不大；各学院的录取志愿率基本都是第一志愿占最大比例，调剂比例最小，但有个别学院调剂比例较高。通过任务 10.4.2 的分析，高校管理人员可以考虑优化专业结构，调整专业的相关招生计划。

能力拓展训练

【训练目标】

1. 能够针对具体的业务需求选择恰当的可视化图表。
2. 能够使用 FineBI 工具实现高等教育行业可视化分析。
3. 能够根据可视化分析结果为高校管理人员提供决策分析。

【具体要求】

高校教职工是高校发展的宝贵资源，高校的管理人员需要准确地把握高校教职工相关信息，从海量的教职工数据中提取有用的信息，从而为高校师资队伍的建设提供参考意见，进一步优化高校师资结构。因此，高校的管理人员需要解决下列问题：

（1）教职工的科研成果情况分布情况如何？
（2）教职工的入职情况如何？
（3）各部门人员分布情况如何？

现有 XX 大学的教师相关数据，数据源位于教材附赠资源"chapter10-8 教师信息表.xlsx"。请围绕这份数据源，设计仪表板对教师相关信息进行综合分析。仪表板设计参考效果如图 10.64 所示。

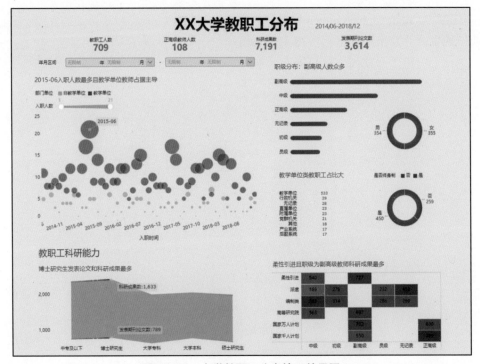

图 10.64 大学教职工分布情况效果图

反侵权盗版声明

电子工业出版社依法对本作品享有专有出版权。任何未经权利人书面许可，复制、销售或通过信息网络传播本作品的行为，歪曲、篡改、剽窃本作品的行为，均违反《中华人民共和国著作权法》，其行为人应承担相应的民事责任和行政责任，构成犯罪的，将被依法追究刑事责任。

为了维护市场秩序，保护权利人的合法权益，我社将依法查处和打击侵权盗版的单位和个人。欢迎社会各界人士积极举报侵权盗版行为，本社将奖励举报有功人员，并保证举报人的信息不被泄露。

举报电话：（010）88254396；（010）88258888

传　　真：（010）88254397

E-mail：　dbqq@phei.com.cn

通信地址：北京市海淀区万寿路 173 信箱

　　　　　电子工业出版社总编办公室

邮　　编：100036